図解・鉄道の科学

安全・快適・高速・省エネ運転のしくみ

宮本昌幸　著

ブルーバックス

- カバー装幀／芦澤泰偉・児崎雅淑
- カバー写真提供／表：JR 東海
  　　　　　　　　裏：JR 東日本
- 扉・目次デザイン／工房 山﨑
- 図版／さくら工芸社

はじめに

　1980年にブルーバックス『鉄道の科学』（丸山弘志著）が出版された。電車のドアからトイレの話まで全10話を、それぞれ読みきり構成とし、鉄道ファン向けと専門書の中間をねらった本であった。筆者も第二話『乗り心地（揺れない車両をめざして）』を担当した。同書は長い間読者に支持され、26年間に21刷を重ねてきた。

　しかしその間、新幹線網は延伸され、新型新幹線車両も続々登場し、300km/h運転が実現した。また、振子車両やアクティブサスペンション車両を始めとする知能化列車の登場など、鉄道の発展にはめざましいものがあった。

　そこで、こうした発展に相応しい新版が望まれるようになった。これに応えた本書は、前書の改訂版あるいは続編としてではなく、まったく新しく書き下ろしたものである。

　日常生活にすっかり溶け込んでいる鉄道だが、一般の人にはその技術的側面はなじみが薄い。そこで本書では、まず鉄道というシステムを作り上げている、車両、電気、土木などの技術の基本的なことをできるだけ体系的に、図を多用してわかりやすく説明することを目標とした。

　鉄道に対して一般の読者がもつ素朴な疑問に答え、また意外なところに施されている技術を紹介した。ハイテク技術実現への開発秘話も紹介していく。「へぇー、そうなんだ」と納得してもらえれば幸いである。

　鉄道の大きな特徴は、電車、線路などが個々にではなく、全体システムとして初めて役目を果たす点である。

　東海道・山陽新幹線の場合、270km/h運転の16両編成

の新幹線が、多いときはほぼ5分間隔で走っている。それを安全・快適・正確に運行するためには、主役の電車はもちろん、線路・橋・トンネルなどの土木設備、出改札・案内などの駅設備、電車に電気を送る設備、安全を支える信号設備、情報を伝える通信設備、そして、これらを点検・保守する設備や作業などが、十分な信頼性をもつことが不可欠である。さらに、このようなハード面だけではなく運転士・車掌、駅員、メンテナンス職員もそれぞれの役割を適切にこなさなければならない。そのどれが欠けても、鉄道としての役目は果たせなくなる。

　このようにシステムとして役目を発揮する鉄道なので、本書でも、電車だけを取り上げるのではなく、線路や電気設備などについても述べ、できるだけシステムとしての関連が明確になることに注意を払い、以下のような構成とした。ただしページ数の制限もあり、不十分な記述しかできなかった面、また駅設備などまったくふれることができなかったものもあることを、あらかじめお断りしておきたい。

　まず第1章では、二足歩行と車輪を比較し、鉄道の最重要部品の鉄車輪と鉄レールの長所と弱点について述べる。

　第2、3章では、揺れが少なく静かで快適な車内をどう実現しているかを、トンネルでの気密、換気、連結のしくみと併せて述べる。

　第4章では自動車と比較し、鉄道車両の曲がりを科学する。スムーズな曲がりを見せるハイテク車両、振子車両、操舵車両も登場する。

　第5章から第7章では、車両に電気を送る架線、車両が電気を受け取るパンタグラフ、走るためのモータ、止まる

ためのブレーキなど、鉄道としての基本動作を行えるしくみについて述べる。

第8章では、鉄道の安全を支えているしくみを、第9章では、環境優等生の鉄道のさらなる挑戦について述べる。

筆者が子供の頃は、鉱石ラジオが音を出した驚き、ゴム飛行機が空高く飛んだ喜びを実感できた。しくみが理解しやすく、物作りの原点である手作りを体験できるものが多かった。しかし現在は、科学技術が進歩した分、技術の細分化、先端化、ブラックボックス化により、技術に対する一般の理解が追いつかなくなってきている。

学生に「最近の新幹線の顔は、団子鼻の初代の新幹線とは異なり、エラの張った面白い顔をしているけど、どうしてこんな顔になったのだろう？」と問いかけると、目を輝かせて身を乗り出してくる。

日本が科学技術創造立国の道を歩むには、技術に対する社会の理解が不可欠であり、また若者の理工離れを食い止めることも重要である。そこで技術者は、製品の開発、生産に尽力すると同時に、高度化した技術を一般の人に翻訳・説明する仕事にも力を入れなくてはいけないと感ずる。

この本が、最新の鉄道技術の翻訳書となって一般の方の鉄道への理解が深まり、また科学技術に夢を求める若者が多数育ってくれる一助になれば幸いである。

最後に写真や資料を提供いただいたJR各社と鉄道総合技術研究所、いろいろお骨折りいただいたブルーバックス出版部に、厚くお礼申し上げます。

2006年6月20日　　　　　　　　宮本昌幸

図解・鉄道の科学 ──── もくじ

はじめに ── 5

新幹線車両 ── 16

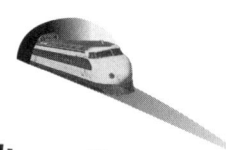

第1章 鉄車輪の強みと弱み ── 19

高速で効率のよい運動ができる車輪　20

重い目方を支えられる鉄車輪とレール　22

爪の広さに5tの重み　24

抵抗が小さくいつまでも転がる　24

滑りやすく急な坂は登れない　25

第2章 揺れない乗り物にするしくみ ── 27

2-1 揺れない車両のしくみ ── 28

揺れをシャットアウトするサスペンション　28

柔らか空気バネ　30

何役もこなす空気バネ　32

ボルスタ台車のしくみ　33

新型空気バネが台車を変えた　35

2段重ねのサスペンション　36

揺れを小さくするダンパ　37

2-2 レールのしくみ ── 39

快適を支えるレールの整備　39

効率的な整備の工夫　41

レールと軌道と線路　43

　　　バラスト軌道とスラブ軌道　43

　　　ロングレール　45

　　　ロングレールの継ぎ目　46

　　　さらに長いロングレールへ　47

2-3　乗り心地の決め手は知能化 —— 48

　　　知能化サスペンション　48

　　　アクティブサスペンション　49

　　　セミアクティブサスペンション　51

第3章　快適・便利な車体のしくみ —— 53

3-1　静かな車内を実現する —— 54

　　　音を元から絶つ　54

　　　音が入らない車体の開発　55

　　　床と窓の防音　56

3-2　車体の気密と換気 —— 57

　　　耳つんを防げ　57

　　　換気に努める　58

　　　トンネルで膨らんだり
　　　　しぼんだりする新幹線　60

　　　100万回の圧力変動に耐える　62

3-3　車両のまとめ役：連結器 —— 63

　　　英国式から国産へ　63

連結器の条件　65

連結器のしくみ　66

新幹線の自動連結　68

第4章　鉄道が曲がるしくみ ── 71

4-1　自動車と鉄道の曲がり方の違い ── 72

タイヤの向く方に曲がる？　72

自動車のカーブ通過中の運動　73

鉄道車両が曲がるしくみ　74

4-2　カーブでの鉄道車両の運動 ── 77

カーブで車輪に働く外側への力　77

鉄道車両のカーブの曲がり方　78

4-3　蛇行動 ── 80

曲がりやすさと蛇行動　80

新幹線での蛇行動対策　82

4-4　カーブ走行が得意な車両の開発 ── 84

線路はなぜカーブで傾いているのか　84

カーブでの密かな工夫　86

乗り心地からのカーブでの限界速度　87

車体を傾ける振子車両　88

新幹線の車体傾斜車両　90

曲線好みに変身する操舵台車　91

第5章 架線とパンタグラフ —— 95

5-1 電気が電車に届くまで —— 96
　直流と交流　*96*
　電車の歴史　*97*
　直流き電の長所　*98*
　直流き電の欠点　*99*
　交流き電の長所　*100*
　交流き電の欠点　*101*
　ＢＴき電方式　*101*
　ＡＴき電方式によるトロリ線切れ目の解消　*103*

5-2 架線の工夫 —— 104
　架線とパンタグラフの役割　*104*
　架線の張り方　*105*
　架線はずっとつながっているのか　*108*
　トロリ線の進化　*110*

5-3 パンタグラフのしくみ —— 111
　パンタグラフの進化　*111*
　各種のパンタグラフ　*113*
　すり板材質の進化　*115*

5-4 集電の最大難問 —— 116
　大離線の克服　*116*
　火花を減らせ　*119*
　トロリ線を伝わっていく波　*121*

パンタグラフの数を減らす　*122*

架線の定期健康診断　*123*

第6章　電車を動かすしくみ —— *125*

6-1　走行抵抗 —— *126*

モータのパワーを増しても速く走れない　*126*

長い中間部の抵抗　*127*

新幹線の走行抵抗はこんなに減った　*128*

6-2　粘着力 —— *130*

車輪がレールを滑る、蹴る　*130*

粘着力が減るとき　*132*

粘着力を増す工夫　*133*

新幹線の最高速度はどこまで可能か　*134*

6-3　モータ —— *136*

鉄道モータの過酷な使われ方　*136*

直流モータの長所と短所　*137*

交流モータのしくみと長所　*138*

6-4　速度制御 —— *141*

電車の速度を変える　*141*

インバータとは何か　*142*

直流から交流を作るしくみ　*144*

パワーエレクトロニクス素子が

　電車を変えた　*146*

減速装置と自在継ぎ手　*148*

第7章 エネルギーを有効利用するブレーキ ── *151*

7-1 ブレーキに求められること ── *152*
ブレーキの種類 *152*

鉄道車両は何mで止まれるか *152*

ブレーキシステムの必要条件 *153*

ブレーキ制御と粘着力 *154*

ブレーキ距離を縮める工夫 *155*

7-2 ブレーキのしくみ ── *156*
元祖・自動空気ブレーキ *156*

電磁直通空気ブレーキと
　電気指令式空気ブレーキ *157*

踏面ブレーキ *159*

ディスクブレーキ *160*

モータをブレーキとして使う *161*

省エネの回生ブレーキ *162*

電気ブレーキと機械ブレーキの
　ブレンド制御 *162*

第8章 安全を守るシステム ── *165*

8-1 信号システム ── *166*
信号の役割 *166*

閉そく信号 *167*

列車がいることを検知する軌道回路 *170*

8-2　安全を確保する列車制御システム ―― *171*
　　　ＡＴＳ（自動列車停止装置）　*171*
　　　ＡＴＳの進化　*173*
　　　ＡＴＣ（自動列車制御装置）　*174*
　　　ＡＴＣの進化　*175*
　　　分岐器：信号と連動して動く安全の要　*177*
　　　列車群の集中管理　*178*

8-3　安全を支えるメンテナンス ―― *180*
　　　車両、施設、電気のメンテナンス　*180*
　　　車両のメンテナンスの4段階　*181*

第9章　環境に優しい鉄道を目指して ―― *185*

9-1　鉄道は環境に優しい輸送手段 ―― *186*
　　　省エネ輸送手段　*186*
　　　省エネを可能にした技術　*188*

9-2　車両軽量化の取り組み ―― *190*
　　　鋼製からアルミ製へ　*190*
　　　車体の構造　*191*
　　　台車や電機部品の軽量化　*193*
　　　軽量化の取り組みと課題　*195*

9-3　騒音を抑える ―― *196*
　　　新幹線の騒音はこんなに減った　*196*

　　　　騒音を抑える対策　*198*
　　　　パンタグラフの騒音を抑える　*199*
　　　　パンタカバーによる騒音低減策　*200*
　　　　低騒音パンタグラフの開発　*201*
　　　　最新の低騒音パンタグラフ　*203*
9-4　トンネルボンを抑える── *205*
　　　　トンネル出口で起きる不気味な振動　*205*
　　　　初代新幹線の顔は旧海軍が生みの親　*206*
　　　　先頭形状が決め手　*207*
　　　　複雑なラインの形成　*209*
9-5　リサイクルの取り組み── *210*
　　　　リサイクルできる材料へ　*210*
　　　　廃棄物ゼロを目指した設計　*211*

参考文献── *213*
図版出典── *216*
さくいん── *217*

東海道・山陽新幹線／九州新幹線車両

0系(初代新幹線)
1964年〜　最高速度220km/h

100系(初の一部2階建て)
1985年〜　最高速度230km/h

300系(初のフルモデルチェンジ)
1992年〜　最高速度270km/h

500系(世界最速列車)
1997年〜　最高速度300km/h

700系(現在の主役列車)
1999年〜　最高速度285km/h

800系(700系発展形／九州新幹線)
2004年〜　最高速度260km/h

写真提供／JR東海・JR九州

東北・上越・長野新幹線車両

200系(0系の寒冷地対応型)
1982年～　最高速度240km/h
(清水トンネルの下り坂で275km/h)

E1系(初の全2階建て)
1994年～　最高速度240km/h

E2系(現在の主役列車)
1997年～　最高速度275km/h

E4系(世界最大の座席数)
1997年～　最高速度240km/h

400系(山形新幹線／在来線と直通運転)
1992年～　最高速度240km/h

E3系(秋田新幹線／在来線と直通運転)
1997年～　最高速度275km/h

写真提供／JR東日本

次世代新幹線車両

JR東日本が将来の360km/hの営業運転を目指すFASTECH360S

それぞれ長さ16mの2種類の先頭形状

屋根上に空気抵抗板を展開して非常ブレーキ距離の短縮を図る

写真提供／JR東日本

JR東海・JR西日本が2007年から営業運転を目指すN700系

新幹線初の車体傾斜装置や独特の先頭形状(エアロ・ダブルウイング形)などを採用

写真提供／JR東海

第1章

鉄車輪の強みと弱み

左から蒸気機関車9600、C57、新幹線0系の車輪
新大阪駅コンコース展示物（撮影／宮本昌幸）

高速で効率のよい運動ができる車輪

　地上での代表的な移動手段としては車輪、足、クローラがある。クローラはブルドーザや戦車に用いられ、キャタピラー（商標名）が知られている。クローラは特殊な用途なので例外として、普通の車輪と足を比較してみよう。

　ロボット技術の進歩はめざましく、二足歩行ロボットは人間の動きにかなり近いものとなってきた。二足歩行は段差、階段、不整地など、車輪が苦手とする状況に対応でき、人間社会に適応しやすい。一方、車輪も、苦手を克服する状況（レール、道路）を作ってやれば、他の手段で太刀打ちできない高速、高効率の移動ができる。

　車輪を複数の足からなる回転体（図1-1）とみれば、片側一足回転体といえる二足歩行との本質的な差は少なくなる。車輪も足も、地面を蹴って進む力を得ている。常に

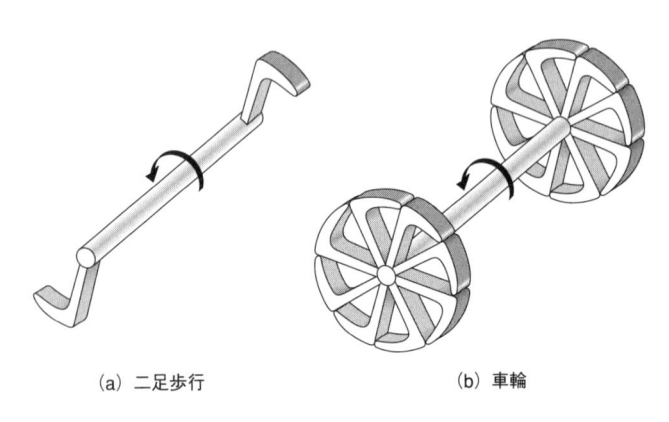

　　（a）二足歩行　　　　　　（b）車輪

図1-1　足（片側一足回転体）と車輪（多足回転体）

第1章 鉄車輪の強みと弱み

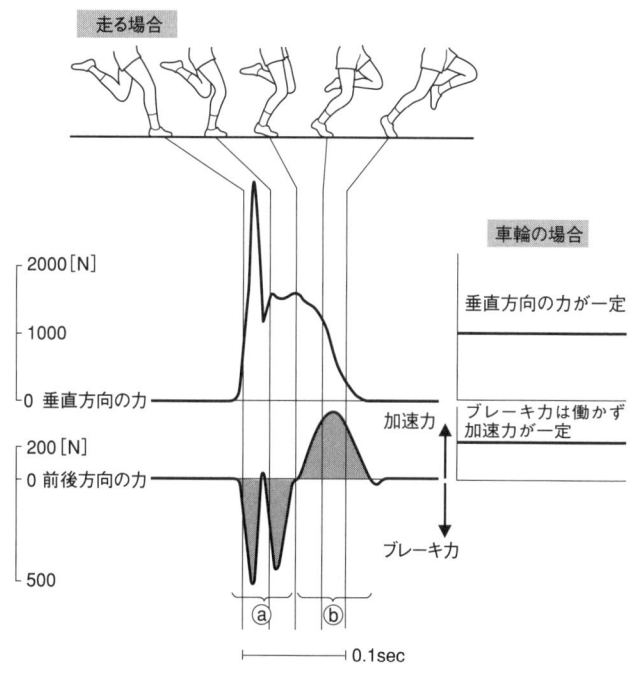

図1-2 走りの力の変化

地面を蹴る車輪は、間欠的に蹴る二足歩行よりも高速が出せる。

では効率はどうだろうか。図1-2に人が走っているときの足にかかる力の変化を示す。着地と同時に、前後方向にはブレーキをかける力が働く(同図ⓐ)。その後、蹴る力が働き(同図ⓑ)加速する。つまり、一時的にはブレーキをかけているのだ。また垂直方向の力も、着地時には急激に増加し、変動が激しい。

このように、二足歩行ではエネルギーがブレーキや上下動にも費やされてしまう。

これに比べて車輪では、常に蹴り続け、垂直方向の力も一定なので推進効率がよい。ランニング（二足歩行）と自転車（車輪）で42kmを150分で走った場合の単位時間当たりの消費エネルギーを比較すると、自転車はランニングの約2分の1から5分の1の消費エネルギーである。

重い目方を支えられる鉄車輪とレール

自動車は空気入りゴムタイヤの車輪で道路の上を走る。100km/h以上で走る大型ハイウェイバスでは、前輪2輪、後輪4輪の6本のタイヤで15t程度の重さを支えているので、1輪当たり3t弱になる。超大型ダンプトラックなどでは、1輪当たり50t以上を支えているタイヤもある。直径は3mと大きく、建設現場内を低速で走る。

このようにゴムタイヤでは、ゴムの耐久性などから、支える目方と速度、小型化を両立させるのはむずかしい。

これに対して鉄道車両では、車輪もレールも鉄製なので、1車輪当たり10t程度は支えられ、直径は1m弱で300km/hの高速で走ることができる。現在最高速度300km/hで運転している新幹線の車両は、乗客を含めて45t程度である。1車両8輪なので1輪当たりが支える目方は6t弱になる。

図1-3に現在の鉄道の車輪とレールを示す。

車輪内側には**フランジ**とよぶツバ部がある。また車輪のレールと接する面は**踏面**といい、わずかに外側に傾いている。その役割については第4章で詳しくお話ししよう。

第1章　鉄車輪の強みと弱み

左から蒸気機関車9600、C57(直径1750mm)、新幹線0系(直径910mm)

新幹線(0系)の車輪断面　　新幹線のレール断面

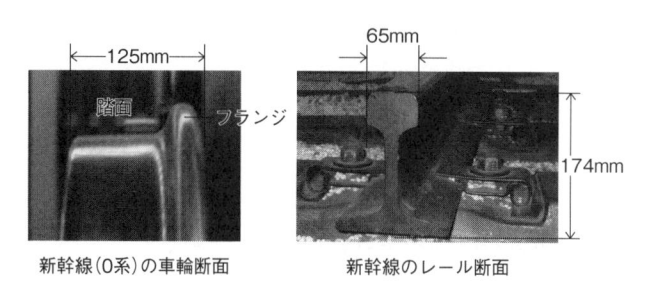

図1-3　鉄道の車輪とレール

　左右の車輪は車軸でつながれていて、その全体を**輪軸**という。

　レールは、車両の重量によるまくらぎ間でのたわみが小さくなるように、上部と下部を大きくして、その間を板で結んで高くした形状である。寝かせた物差しは曲がりやす

いが、立てた物差しは曲がりにくいことを思えばわかりやすい。

爪の広さに5tの重み

自動車のゴムタイヤはたわんで、かなり大きい面積で接地している。たとえば乗用車のタイヤの接地面積は葉書1枚くらいである。

一方、非常に硬い鉄車輪とレールの場合は、たとえば直径860mmの車輪を5tの力でレールに押し付けると、接触部は小指の爪程度（直径約10mm）の円に近い楕円形になる。そのときに接触部分の中央で生じる最大圧力は約1GPa（ギガパスカル：$1cm^2$に10t）と、かなり大きな値である。

満員電車で、細いハイヒールで足を踏まれて、痛さで跳び上がったことはないだろうか。車輪の直径が小さくなると、このハイヒール状態になっていくので、圧力が増大して車輪やレールの表面がすぐに傷んでしまう。このことから車輪の直径には下限がある。

抵抗が小さくいつまでも転がる

通勤電車の運転席を後ろから見てみよう。運転士がモータを回す**ノッチ**（自動車のアクセルの役目をするもの）を入れ、駅を出て加速してゆく。制限速度になるとノッチを戻してモータへ流す電気を止める。後は惰性で走っていくが、あまり速度が落ちず、次の駅まで転がっていく。車輪の回転抵抗が小さいからできる芸当である。

10tの荷物を人力で動かすのに、地上に直接置いた場合

第1章　鉄車輪の強みと弱み

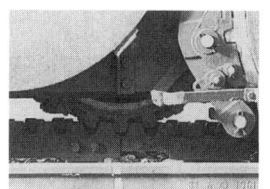

ラックと噛み合う車両側の歯車

ラック

図1-4　ラックを使って90‰の急坂を登る大井川鉄道

にはたとえば100人必要でも、ゴムタイヤの車輪がつけば4人程度ですむ。ところが鉄の車輪と鉄のレールなら、なんと1人で動かせるのだ。

このように、車輪の回転抵抗の小さいことが、鉄道の特徴の一つである。

滑りやすく急な坂は登れない

鉄のレールと車輪の組み合わせには、こうした長所の一方に、滑りやすいという弱点もある。

雪道で自動車をスタートさせる時、アクセルを踏みこみすぎると車輪が空転してしまう。また止まる時にも、ブレ

ーキを強く踏みすぎると、車輪は、回転が止まっても滑ってしまい自動車は止まれない。

 じつは鉄道では、これに近いことが日常的に起こっている。鉄車輪・鉄レールの組み合わせは、車輪が滑りやすいのだ。

 そのため、自動車が傾斜30°の坂道も登れるのに対し、鉄道では急坂は苦手だ。日本の鉄道での最大勾配は箱根登山鉄道の80‰（パーミル：千分率、1000mで80m登る坂）、約5°が最高である。それ以上の傾斜の坂を登るには、歯車を用いた**ラック式鉄道**（前ページ図1-4）や、ロープで引き上げる**ケーブルカー**が用いられている。

 ——これらが鉄道で使われている鉄の車輪と鉄のレールの特質である。鉄道技術者は、これらの特質を十分に理解した上で、安全・快適でしかも高速を実現できるように工夫を凝らしているのである。

第2章

揺れない乗り物にする しくみ

新幹線300系車両の台車(写真提供／JR東海)

乗り心地のよい車両、快適な車両とはどんな車両だろうか。"快適性"にはさまざまな定義があるが、ここでは"快"と"適"の二つに分け、積極的に望ましい状態を"快"、不快な刺激がない状態を"適"とする。鉄道では、まず"適空間"の実現を目指している。

　ではどのような状態が"適"だろうか。それを考えるには、逆に"不快"な車両を考えるとよい。

　グラグラ揺れが大きく立っていられない、ビリビリ振動が伝わってくる、暑すぎる、寒すぎる、乾燥しすぎている、湿気が多くベトベトする、空気が汚れていていやな臭いがする、うるさい、トンネルに入るときに耳が痛い。──これらの不快を防ぐために、鉄道ではさまざまな工夫がなされている。

　この章では、揺れを小さくするしくみを見ていこう。

2-1　揺れない車両のしくみ

揺れをシャットアウトするサスペンション

　直線区間でもレールは真っ直ぐではない。間隔(軌間)、傾き(水準)、上下(高低)、左右(通り)の各方向に数mmの歪み(変位)のある箇所がある(図2-1)。これらの変位などにより、車両には3軸方向と各軸回りの揺れが生ずる(図2-2)。

　このような車両の揺れをできるだけ抑えるのが**サスペンション**である。そこで、サスペンションの主役である、台

第2章 揺れない乗り物にするしくみ

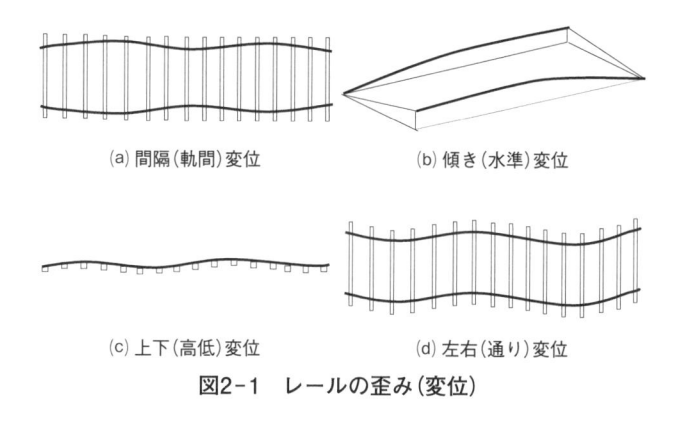

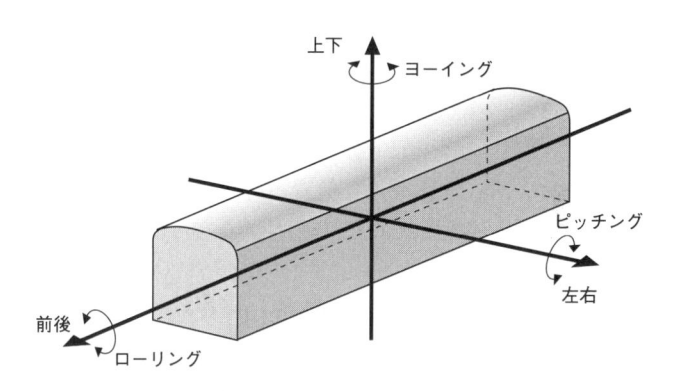

(a) 間隔(軌間)変位

(b) 傾き(水準)変位

(c) 上下(高低)変位

(d) 左右(通り)変位

図2-1　レールの歪み(変位)

図2-2　車両の3軸方向と各軸回りの揺れ

車と車体間のサスペンションについて見ていこう。

　サスペンション設計のポイントは、スキーで滑るとき雪面の凸凹を征服するのと同じである。膝関節を柔らかくして、凸凹に応じて膝を曲げ伸ばしすれば、上半身は上下に

揺れずに進む。サスペンションでも、主役のバネを柔らかくすることが基本である。

しかしバネを柔らかくすると、おおぜいのお客さんが乗車するとバネが縮み、車体が大きく沈み込む。車内の混雑に偏りがあると車体が傾くし、隣同士の車両の乗客数が大きく異なると、片方の車体だけが沈み込み、連結器が車体にぶつかるなどの不具合が生ずる。

この難問を解決した救世主が空気バネである。

柔らか空気バネ

図2-3はもっとも一般的に用いられている車両（**ボギー車両**）の構成である。1車両に2台車、1台車の左右に各1個、合計4個の空気バネで車体を支えている。

空気バネは空気入りゴムボールのようなもので、ボールに空気を入れると車体は上がり、空気を抜くと下がる。

この空気の出し入れをする装置が**高さ調整弁**である（図2-4）。弁は車体の下部に取り付けられていて、レバーの先端が空気バネの下の台車と棒でつながっている。

乗客が少なく車体が浮き上がると、図左のようにレバーが下がって空気バネの空気が抜け、車体はもとの高さに戻る。逆に乗客が多く車体が下がると、図右のようにレバーが上がって空気バネに空気源から空気が供給され、車体はもとの高さに戻る。

この高さ調整弁のおかげで、乗客数の変化による車体の高さ差を気にせずに、柔らかいバネを実現することが可能となった。

空気バネの構造を見てみよう（32ページ図2-5）。タ

第2章 揺れない乗り物にするしくみ

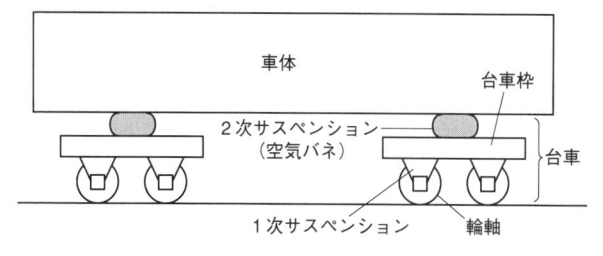

図2-3 ボギー車両の構成

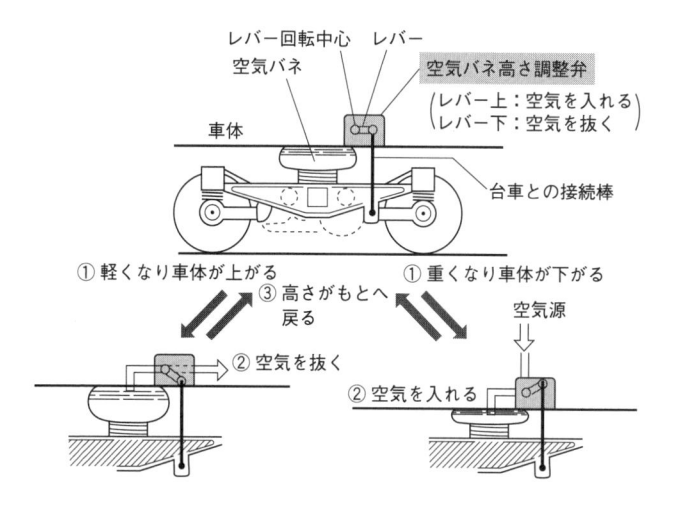

図2-4 空気バネで車体の高さを保つしくみ

イヤのようなゴム膜（**ダイヤフラム**）の中に空気が入っている。その下には、リング状の防振ゴムと鉄板を交互に張り合わせた**積層ゴム**があり、左右・前後方向に移動でき、その内部も空気室となっている。

空気源 ↑

ダイヤフラム
（タイヤのようなもの）

しぼり
（振動を減少させる）

防振ゴム ｝積層ゴム
鉄板

⇩ 補助空気室

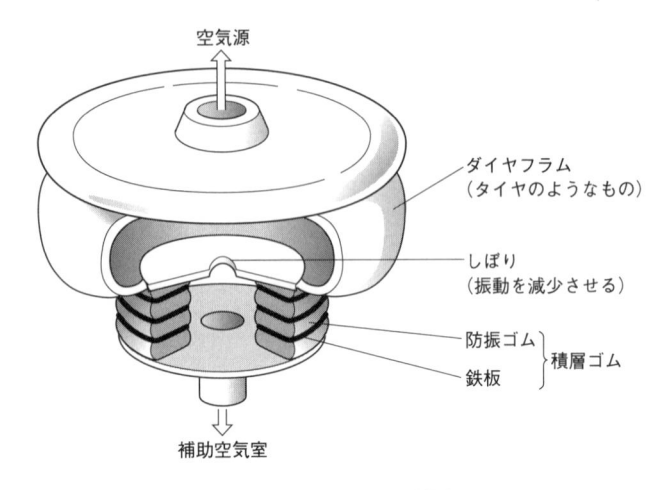

図2-5　空気バネの構造

　この積層ゴム内部の空気室と、ダイヤフラム部の空気室の間には小さな穴（**しぼり**）がある。振動による空気バネの上下方向の伸び縮みにより、この穴を空気が通る際に抵抗力が生じ、振動を小さくする装置（ダンパ）の役割をしている。

　ダイヤフラム部の上部は空気源とつながり、積層ゴム部の下部は**補助空気室**とつながっている。補助空気室は空気バネ全体の空気体積を増やし、より柔らかいバネを実現するために用いられている。

何役もこなす空気バネ

　この他に空気バネの優れた点は、1個のバネを上下・左右・前後3方向のバネとして用いることができ、その硬さ

（バネ定数）を自由に変えることができることである。

　サスペンションとして用いるバネは板バネ→コイルバネ→空気バネと進化してきた。金属の板を重ねた板バネや金属線をらせん状に巻いたコイルバネでは、バネは上下方向のバネとしてのみ有効で、左右方向のバネとしては振子作用を利用したリンク機構が使われた。これに対して空気バネは、どの方向のバネとしても有効なのである。

　曲線で台車が車体に対して旋回するときに、空気バネの前後方向のバネ定数が大きく硬すぎると、旋回しにくくなる。そこで、前後バネ定数はできるだけ小さいことが望まれる。

　空気バネでは、変位したときの圧力を受ける面積（**有効受圧面積**）を、ゴム膜の形状などの設計により変えることができるので、負の前後バネ定数も実現できる。バネを押すと、正のバネ定数では押し戻されるのに対し、負のバネ定数では逆に引かれる。このような芸当は、他のバネでは不可能なことである。

　このダイヤフラム部による負の前後バネ定数と、積層ゴム部による正のバネ定数の組み合わせで、空気バネ全体としての前後バネ定数を小さくして、曲線で台車が旋回しやすくなるようにしているのである。

ボルスタ台車のしくみ

　このような空気バネが開発されたことにより、台車構成も大きく変わった。

　従来の台車（**ボルスタ付き台車**）では、車体と台車の間に**ボルスタ**（枕梁）を設けている（次ページ図2-6a）。

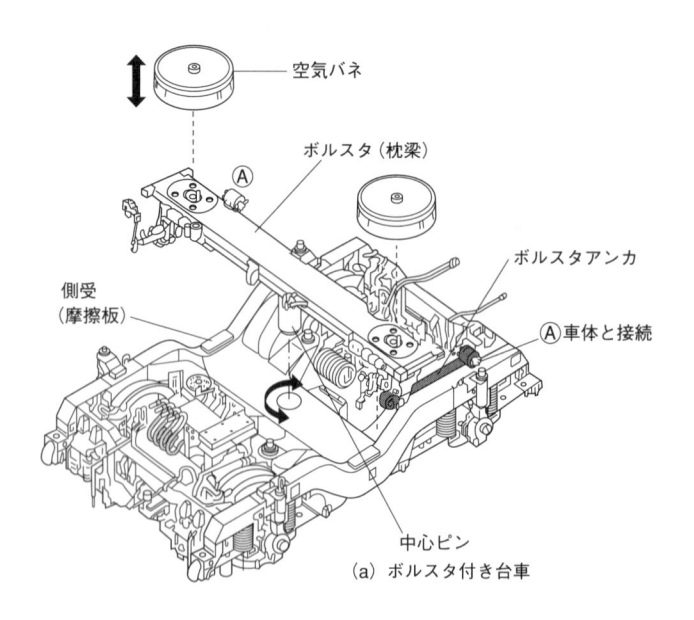

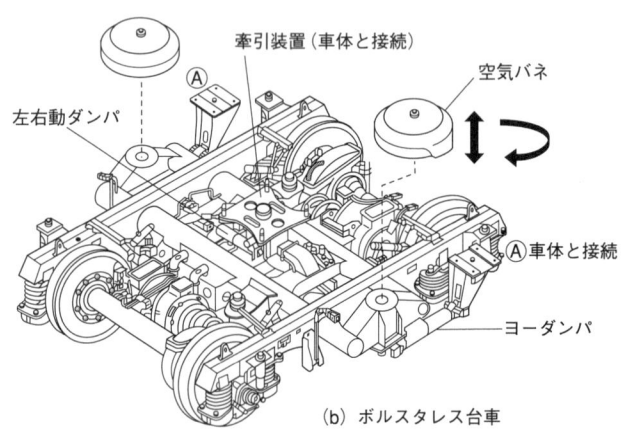

図2-6 ボルスタ付き台車とボルスタレス台車の構造

車体とボルスタをつないでいるのは、空気バネと**ボルスタアンカ**である。空気バネは上下方向、左右方向のバネとして使われている。左右に各1本あるボルスタアンカは、前後力を伝えると同時に、ボルスタの車体に対する旋回運動を拘束して、空気バネの前後方向の変形を防いでいる。

ボルスタと台車をつないでいるのはボルスタの中心ピンで、台車がボルスタに対して旋回できる構造となっている。

車体の荷重はボルスタ‐台車間の**側受**(がわうけ)(摩擦板)で支えている。さらに側受部の摩擦力が、高速になると生じる不安定な台車の旋回振動(**蛇行動**(だこうどう):81ページ図4-9参照)を防いでいる。

モータやブレーキによる駆動力や制動力(前後力)は、台車→中心ピン→ボルスタ→ボルスタアンカ経由でⒶで車体に伝わる。台車と車体間の上下・左右運動は車体‐ボルスタ間で、旋回運動はボルスタ‐台車間で行っている。

新型空気バネが台車を変えた

最近の新幹線や通勤電車ではボルスタのない台車が使われている。上述した3方向に動ける新型空気バネを用いることで、ボルスタを省き、台車上の空気バネで直接車体を支える**ボルスタレス台車**となっている(図2-6b)。

ボルスタの省略に加え、台車部品の軽量化、部品点数の削減などによる軽量化により、路盤から周辺の民家へ伝わる振動の低減、軌道保守の軽減が実現できた。

ボルスタレス台車では、駆動力など前後力伝達のために、上下・左右に動ける**牽引装置**(けんいん)が車体‐台車間に設けられている。また新幹線や特急電車などの高速車両では、蛇

行動を防止する**ヨーダンパ**が、車体 - 台車間の前後方向に左右各1本設けられている。

2段重ねのサスペンション

広い振動数範囲の振動を、台車 - 車体間の空気バネだけでシャットアウトするのはむずかしい。そこで、輪軸の軸箱と台車の間にもサスペンションを入れている。このサスペンションを**1次サスペンション**、空気バネによるサスペンションを**2次サスペンション**とよんでいる（図2-7および31ページ図2-3参照）。

1次サスペンションは、速い振動をシャットアウトするとともに、輪軸を支えて位置を決める働きもしているので、**軸箱支持装置**ともよばれている。軸箱支持装置は古くから種々のものが工夫されてきている。

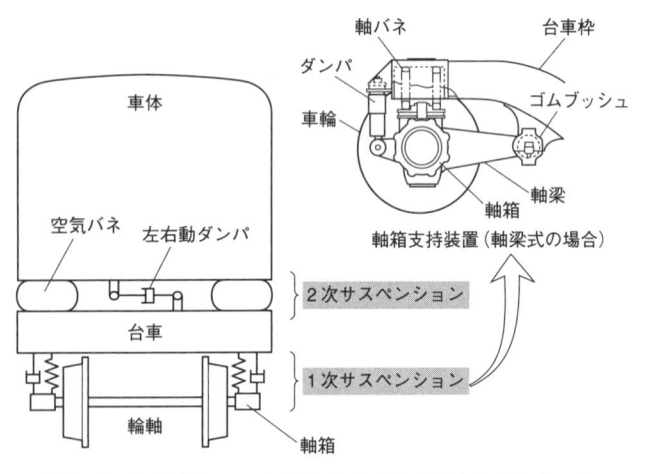

図2-7　振動をシャットアウトする2つのサスペンション

その一つの**軸梁式軸箱支持装置**(図2-7右上)は、通勤電車から新幹線まで広く用いられている。軸箱が軸梁を介して台車に取り付けられていて、その取り付け部のゴムブッシュ部を中心に上下する。上下方向のバネ(軸バネ)としては、軸箱上に設置されているコイルバネが用いられている。バネと並列にダンパが取り付けられることもある。

前後・左右方向のバネの役目をしているのはゴムブッシュである。その"硬さ"は、輪軸の基本位置がずれないように柔らかすぎないこと、曲線で輪軸が台車に対して旋回できるように硬すぎないこと、そして蛇行動しないこと(82ページ参照)、などから決められており、結果として上下のバネよりはかなり硬くなっている。

揺れを小さくするダンパ

一般的にサスペンションは、元の位置へ戻す役目のバネと、振動を小さくする役目の**ダンパ**とで成り立っている。空気バネは、"しぼり"を設けることで、上下方向にはバネとダンパの両役目を果たしているが、左右方向のダンパ機能はない。そこで2次サスペンションでは左右動ダンパが設置されている。

ダンパの基本的な構成はシリンダとピストン、内部の油からなる。ピストンには狭い通路(**オリフィス**)があり、ピストンの運動によって内部の油がオリフィスを流れるときの抵抗力で運動のエネルギーを吸収し、振動を小さく(減衰)する。

一般の**比例型ダンパ**(次ページ図2-8a)では、オリフィス部に弁を設け、減衰力がピストン速度に比例するよう

(a) 比例型ダンパ　　　　　(b) 2乗型ダンパ

- シリンダ
- ピストン
- オリフィス
- 板弁
- 油

減衰力 / ピストンスピード

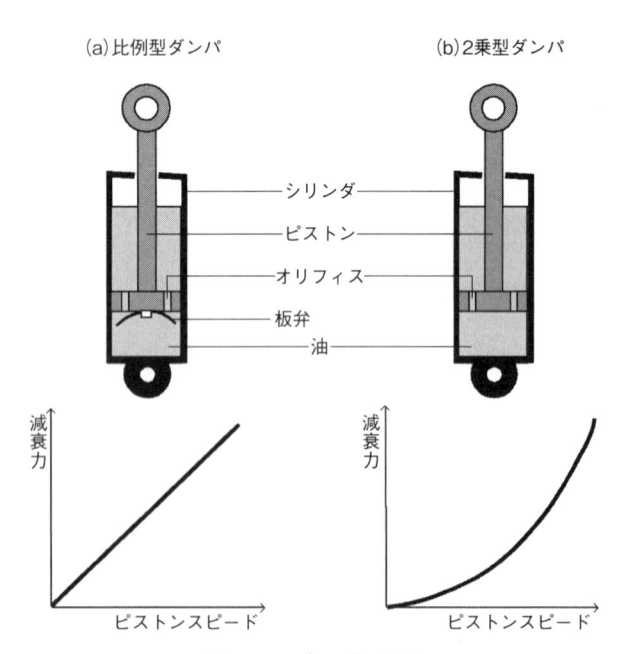

図2-8　ダンパの原理

車両を横から見た写真

車体　　　隣の車体

車両を上から見た図

旋回（ヨーイング）

車体間ヨーダンパ

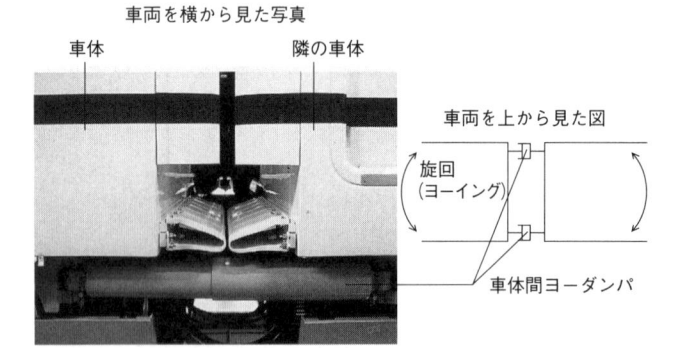

図2-9　車体間ヨーダンパ

にしている。これに対して**2乗型ダンパ**（図2-8b）は、ピストンスピードの2乗に比例して減衰力が増す。

車両には、その他いろいろな役目のダンパが設けられている。たとえば新幹線では、1次サスペンションにも上下ダンパを用いている。新幹線や在来線特急などの高速車両には、蛇行動とよばれる台車旋回振動を抑える**ヨーダンパ**が用いられている。

さらに車体と車体の間にも、車両のローリング振動を抑えるロールダンパと旋回（ヨーイング）振動を抑える**車体間ヨーダンパ**が設けられている（図2-9）。

2-2 レールのしくみ

快適を支えるレールの整備

サスペンションがいかに優れていても、レールの歪みが大きければ車体の揺れは大きくなってしまう。レールの歪みを小さくするため、レール整備が行われている。

整備するには、どの程度レールが歪んでいるかを知らなければならない。歪みには29ページ図2-1に示した間隔（軌間）、傾き（水準）、上下（高低）、左右（通り）の歪みがある。間隔は物差しで、傾きは水準器で測定することができる。しかし、上下、左右の歪みは、物差しをあてる基準がはっきりしない。これらの歪みはどのようにして知るのだろうか。

上下、左右の歪みの測定には、10mの糸をレール上には

(a) 波長10mのレールの歪み

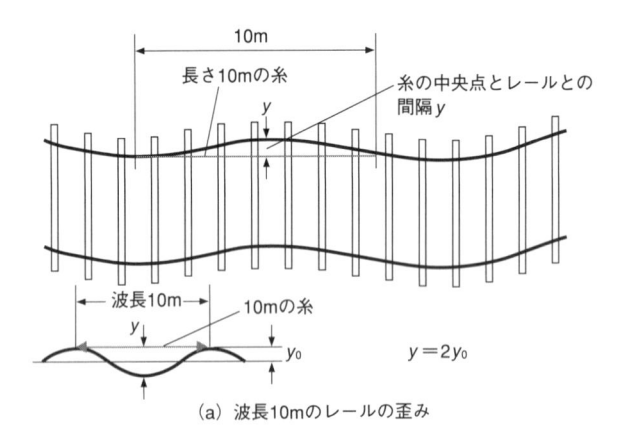

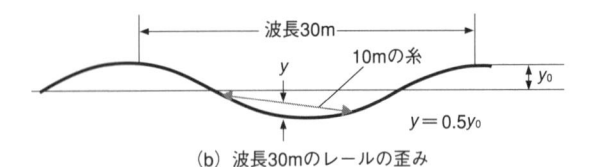

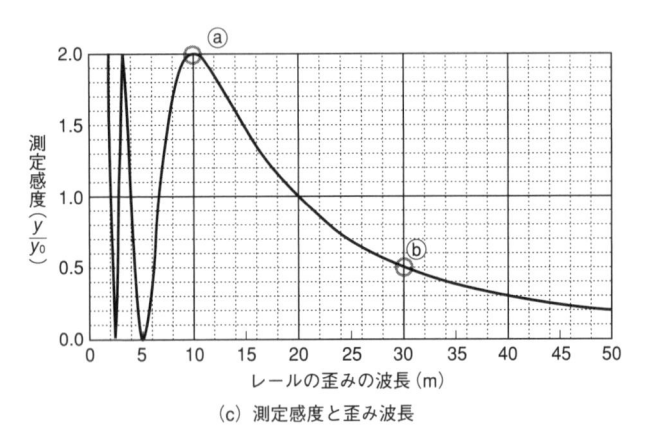

(b) 波長30mのレールの歪み

(c) 測定感度と歪み波長

図2-10　レールの歪み（変位）の測定法

第2章　揺れない乗り物にするしくみ

り、その糸を進行方向にずらしていきながら、糸の中央点での糸とレールの間隔を測定していく方法（**正矢法**）がとられている。

ところが正矢法で波長（歪みの繰り返しの長さ）の長い歪みを測定すると、測定値は実際の振幅より小さくなってしまう。

たとえば10m波長のレールの歪みを正矢法で測定すると、測定値yの振幅は、本来の歪みの振幅y_0の2倍となる（図2-10 a）。また30m波長の場合では、測定値yはy_0の半分となる（図2-10 b）。

いろいろな波長について、本来の歪みの振幅y_0に対する測定値yの比$\frac{y}{y_0}$を示したのが図2-10 cのグラフである。歪みの波長が長くなっていくと、測定値が小さくなっていくことがわかる。

つまり本来の歪みの振幅y_0を知るには、測定結果yを図2-10 cの測定感度値$\frac{y}{y_0}$で割ればよいことになる。たとえば歪みの波長が10mの場合は2で割り（グラフのⓐ）、30mの場合は0.5で割る（グラフのⓑ）、すなわち2倍にすればよい。

もちろん、このような測定は手作業で行われているのではなく、新幹線でも在来線でも、営業車と同じ速度で走ることのできる**軌道試験車**で定期的に行われている。

効率的な整備の工夫

レールの整備では、車両の振動に影響の大きい歪みを重点的に整備すれば効率的である。車両が揺れやすい振動数は1.0〜1.5Hz（ヘルツ）、つまり1秒間に1〜1.5回の揺

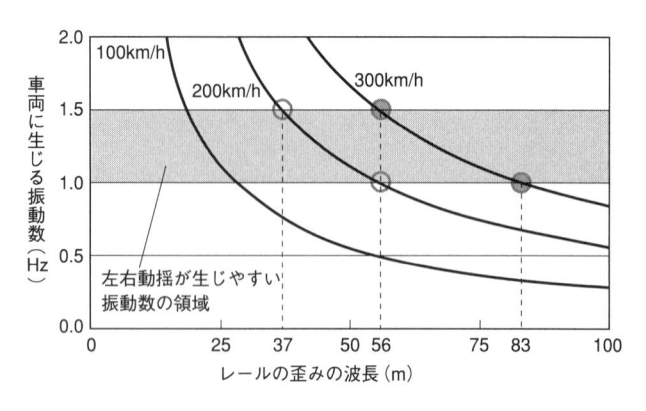

図2-11 動揺を生じさせるレールの歪みの波長

れである。

それを生じさせるレール歪みの波長を図2-11に示す。すなわち、走行速度が速いほど重点的に整備すべき波長は長くなる。200km/hでは波長37〜56m、300km/hでは波長56〜83mになる。新幹線では40m波長の歪み振幅を5mm以下に抑えている。

長い波長のレールの歪みが、車両のユラユラした動揺を生むのに対し、波長が5m以下のレール歪みは、ゴツゴツという衝撃などに関連する。さらに波長の短いレール表面の凹凸は、ガーという騒音に関連する。

騒音に関連する短波長への対策として、東海道新幹線では年に1度レール表面を0.3mm削って滑らかにしている。第9章で述べる騒音低減効果が大きく、またレール表面傷を成長する前に取り除く効果もある。

ちなみに東海道新幹線のレールは、摩耗が13mmを超

えるか、通過した列車重量の合計が6億tを超えたとき（約13年）に交換されている。

レールと軌道と線路

レール、軌道、線路、といろいろな言葉があるが、どのように違うのだろうか。

レールは今まで繰り返し使ってきているが、車輪がその上を走る鉄でできた棒である。

軌道は一般的には「道床および**軌框**（以下「軌きょう」と表記）と直接これに付帯する施設」と定義されている。**軌きょう**はレールとまくらぎを組み立てた状態のものである。

道床は砂利、砕石などのバラストにより、レールが取り付けられているまくらぎを支え、列車からかかる力を分散させ、クッションの役目もしている。

線路は列車を走らせる通路の全体のことで、軌道とこれを支持するために必要な路盤、構造物から成り立っている。すなわち、線路の一部が軌道で、軌道の一部がレールということになる。

バラスト軌道とスラブ軌道

軌道は**有道床軌道**（**バラスト軌道**）と**無道床軌道**（**スラブ軌道**など）に分類される（次ページ図2-12）。

道床のある軌道がバラスト軌道である。現在も多くの鉄道で用いられている。

バラスト軌道は、列車通過による衝撃や振動により、バラストが左右にずれていったり、バラストの下の土路盤に

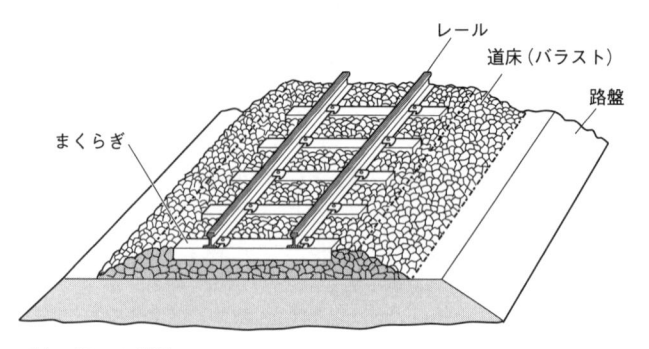

(a) バラスト軌道

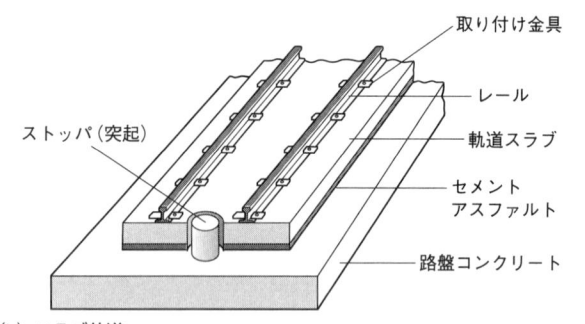

レール / 道床（バラスト）/ 路盤 / まくらぎ

(b) スラブ軌道

取り付け金具 / レール / 軌道スラブ / セメントアスファルト / 路盤コンクリート / ストッパ（突起）

図2-12 バラスト軌道とスラブ軌道の構造

めり込んだりして、レールの歪みが発生することが避けられない。この歪みを直すのには機械（**マルチプルタイタンパ**）が用いられている。複数のフォーク状のものをまくらぎをはさむ形でバラストの下に差し込み、振動させてまくらぎの下にバラストを押し込むことで、歪みをなおしている。

バラスト軌道はこのような保守作業が不可欠で、建設コストは低いが、保守コストが高い軌道といえる。

これらの保守作業を軽減するために、バラストをなくしてコンクリート板（**軌道スラブ**）でレールを支える軌道がスラブ軌道である。

このままだと固すぎるので、路盤コンクリートにクッション材（セメントアスファルト）を置き、その上に軌道スラブを敷く。軌道スラブに埋め込んだ取り付け金具でレールを軌道スラブに固定する。軌道スラブの標準の長さは5m、幅は約2.3mである。列車の通過で軌道スラブに加わる進行方向や左右方向の力は、路盤コンクリートから突き出た円柱状のストッパで支えている。

建設コストは高いが、レールがずれにくく、比較的保守が容易な軌道である。山陽新幹線以降の新幹線や在来線でも用いられ、揺れの少ない走行の実現に貢献している。

ただし、バラストに比べて走行音の吸収効果は小さい。また、スラブがずれた場合のレール位置修正が難しい。

ロングレール

乗り心地を悪化させるレールの原因には、歪みの他にレールの継ぎ目がある。レールは高温になると膨張する（40℃の温度差で25mにつき約11mm伸びる）。このとき隣のレールとぶつかり合って張り出したりすることがないように、25mの継ぎ目ごとに約10mmの隙間が設けられている。

ところが、この隙間を車輪が通過するときにガタンゴトンと騒音を発すると同時に、衝撃を与える。また、この隙間部は変形や摩耗が起こりやすい。そこで、このような継

ぎ目をなくしたレールが使われるようになった。200m以上のレールを**ロングレール**とよんでいる。

ロングレールは、沿線のレールセンターで25mの長さのレールを溶接して100〜200mにし、特殊な貨車で施設箇所に運ぶ。さらに長くする場合には、現場で溶接される。

鉄のレールは硬いイメージがあるが、数両の貨車にまたがって載せて運ばれる細長いレールは、曲線部分では線路の曲がりと同じように曲がるのだ。

ロングレールの継ぎ目

まくらぎに固定されているロングレールは、全体が一様に伸びたり縮んだりするのではない。

中間部分のレールは押さえ込まれているから動かないが、温度が上がれば圧縮力、温度が下がれば引っ張り力が働く。これによりレールが張り出したり、破断したりしないように、レール締結装置の検査や敷設時の温度管理にはとくに注意が払われている。

温度で伸縮するのは両端それぞれ約100mで、伸縮量は

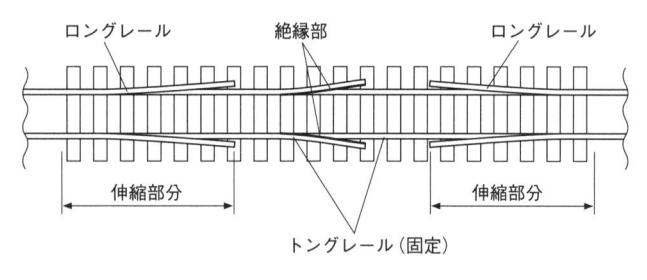

図2-13　ロングレールの継ぎ目

±二十数mm程度である。この伸縮を吸収するために、また信号回路としてのレールを絶縁するために、ロングレール両端部には**伸縮継ぎ目**（EJ：Expansion Joint）が設けられている。図2-13に新幹線のEJを示す。

レールは信号回路としても使われていて、信号機のある区間ごとに別の電気回路としなければならない。そのため、在来線の列車本数の多いところでは数百m、新幹線では約1.2kmごとにレールを電気的に絶縁しなければならない。

伸縮継ぎ目の固定されているトングレールの一端は斜めに切断されている。ロングレールの端部は、このトングレールの斜め部の外側に位置し、斜め部にそって伸縮することで、隙間ができないようにしている。

信号回路の電気絶縁部分は、固定されている数mの両トングレール間に挿入され、ロングレールの長手方向の力の圧縮力や引っ張り力（**レール軸力**）がかからないようになっている。この電気絶縁部分の必要性のために、これまで新幹線のロングレールの長さは1.2km程度が限度だった。

さらに長いロングレールへ

しかし伸縮継ぎ目はコストが高く、保守にも手間がかかるため、伸縮継ぎ目に代わる、レール軸力による圧縮力や引っ張り力が加わっても耐えられる直角切断や斜め切断の**接着絶縁継ぎ目**（IJ：glued-Insulated Joint）が開発された（次ページ図2-14）。両レール間には接着絶縁層が挟まれている。

(b) 直角切断の接着絶縁継ぎ目

(a) 斜め切断の接着絶縁継ぎ目

図2-14　レールの接着絶縁継ぎ目（円内）

これで、さらに長いロングレールも可能になり、東北新幹線盛岡 - 八戸間には約60kmの**スーパーロングレール**が実現している。

このように長いロングレールの一部が、傷ついたり摩り減って交換しなければならないときにも、全部取り替える必要はない。その部分だけを切断し、新しいレールを挿入、溶接する技術が開発された。このこともロングレールの普及に役立っている。

2-3　乗り心地の決め手は知能化

知能化サスペンション

車両の揺れを減らし、乗り心地をより良くするための、車両、軌道側でのしくみを述べてきた。さらなる改良のエースとして登場したのが**知能化サスペンション**、すなわち

振動を制御する技術である。アクティブサスペンションとセミアクティブサスペンションがある。

鉄道車両の振動では、車輪フランジがレールに当たると、左右振動が急激に大きくなる。また、人は上下振動より左右振動のほうが感じやすい。さらに大きい揺れは印象に残りやすい。こうしたことのため、最大左右振動は乗り心地に悪影響を与えている。

そこで鉄道車両の振動制御では、最大左右振動の低減が大きな目標になっている。

一般のサスペンションは、バネ、ダンパなどの受動的（パッシブ）なしくみで構成されている。

台車と車体の間に設けた左右動ダンパ（36ページ図2-7）は、車体の振動を抑える役目をしている。このダンパのオリフィス（38ページ図2-8）の直径を小さくすると、抵抗が大きくなるので、車体のユラユラした振動を止めるのに効果的である。しかしその一方で、ダンパ自体が台車のゴツゴツした振動を車体に伝えやすくなる。

このように、あちら立てればこちらが立たずで、すべてに良好な結果を得るのはむずかしい。

望ましいのは台車のゴツゴツした振動を伝えず車体のユラユラした振動を抑えることのできるダンパである。これを制御により実現しているのが**アクティブサスペンション**であり、これに近い動きをさせているのが**セミアクティブサスペンション**である。

アクティブサスペンション

通勤電車に乗っていてグラッと揺れると、無意識に膝の

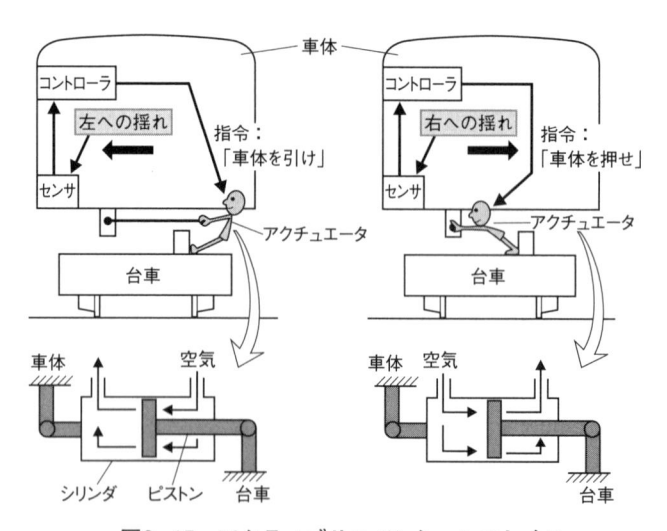

図2-15 アクティブサスペンションのしくみ

バネを使い、揺れと反対方向に体を傾けて倒れないようにしている。あの行動は、まさにアクティブサスペンションである。

アクティブサスペンションでは、車体 - 台車間に空気や油圧で動く装置（**アクチュエータ**）が取り付けられている。センサで車体の振動状態を測定して、コントローラ（計算機）が、車体の振動を抑えるためにアクチュエータが車体に加える力の大きさや方向を計算し、その結果に応じてアクチュエータがこの力を車体側に加え、振動を抑える（図2-15）。

2002年12月に東北新幹線八戸開業で登場したE2系1000番代新幹線で、世界初のアクティブサスペンション

が実用化された。グリーン車両と、トンネル内の車両の周りの空気の流れで振動悪化が起こりやすい両端車両に取り付けられ、乗り心地にもっとも影響の大きい車体ヨーイング振動低減を主目的とし、左右、ロール振動の低減も実現している（ヨーイング、ローリングについては29ページ図2-2参照）。

さらに、トンネル区間とそれ以外の区間（**明かり区間**）では、車両の振動の周期など様子が異なるので、トンネル区間では制御の定数を切り替えるというきめ細やかな制御が行われている。

セミアクティブサスペンション

セミアクティブサスペンションでは、エネルギー供給が必要なアクチュエータではなく、エネルギー供給が不要な**可変減衰ダンパ**を使用している（次ページ図2-16）。

ダンパの油の流れを高速電磁弁で切り替えることにより、強さを6段階に切り替えられるダンパで、その強さを、車体の振動状態に応じて約0.01秒間隔で切り替えることで、振動を低減している。

しかしエネルギー源をもたないダンパなので、必要な方向の力を出せず、逆に台車の振動を車体に伝えてしまう場合も起こりうる。このような場合には**アンロード弁**を動作させ、油がオリフィスを通らないようにバイパスさせて力を出さないようにする。

この方式は、エネルギー源がいらず構造が簡単なため、小型軽量で故障に強く、安価である。そのためアクティブサスペンションより早く1997年3月に、500系新幹線で

実用化され、その後の新幹線すべてに用いられている。

車体の揺れが台車の揺れより大きい
ときはダンパのはたらきを生かす

車体の揺れが台車の揺れより
小さいときはダンパをはずす

$v_B > v_T$ の時
v_B
可変減衰ダンパ
v_T

v_B：車体の揺れ
　　の速度
v_T：台車の揺れ
　　の速度

$v_T > v_B$ の時
v_B
可変減衰ダンパ
v_T

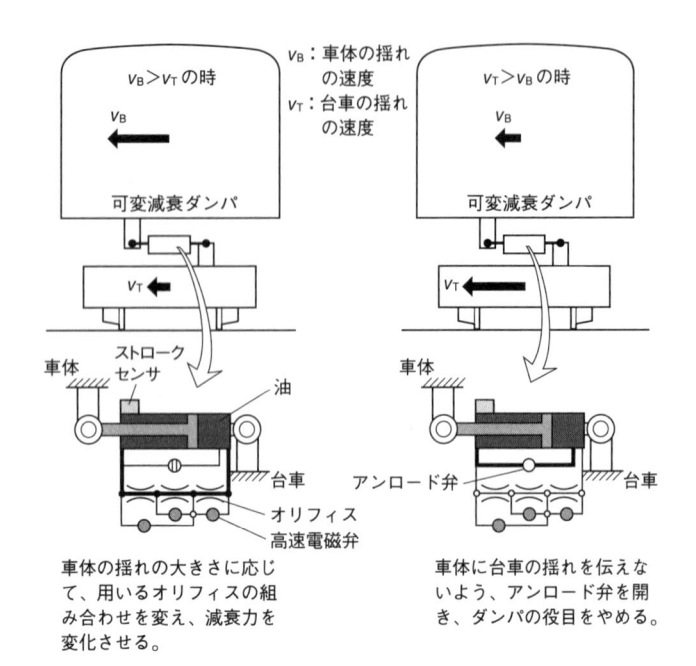

車体　ストロークセンサ　油　台車　オリフィス　高速電磁弁

車体　アンロード弁　台車

車体の揺れの大きさに応じて、用いるオリフィスの組み合わせを変え、減衰力を変化させる。

車体に台車の揺れを伝えないよう、アンロード弁を開き、ダンパの役目をやめる。

図2-16　セミアクティブサスペンションのしくみ

第3章
快適・便利な車体のしくみ

新幹線700系のグリーン車内（写真提供／JR東海）

"適空間"の提供として前章での"揺れない"に続き、"静かな車内にするしくみ"、"車内の空気をきれいにするしくみ"、"トンネルで耳が痛くならなくするしくみ"を見ていこう。

加えて、大量輸送でいつ行っても乗れる便利な鉄道を実現できる要素である、他の乗り物にはない鉄道特有の連結して走るための"連結器のしくみ"についてもふれる。

3-1　静かな車内を実現する

音を元から絶つ

振動の他にも、車輪の音やモータの音、風切り音などが聞こえない静かな車内であることも"適"の条件である。そのためには発生する音を小さくすることと、その音が室内に入ってこないようにすることが重要である。

まず音の発生源を見ていこう。

車輪がレール上を走る音（**転動音**）を下げるには、車輪とレールの表面を滑らかにするのが効果的である。

通勤電車で、雨の日などに急ブレーキをかけると、車輪がロックされて滑ってしまい、結果として円形の車輪の一部が削られて平らになる現象（**フラット**）が起きる。一瞬で5cmも平らになることもある。走り出しのカタンカタンからカタカタカタと変化していく音を聞いたら、フラットが起きていると思って間違いない。

フラット防止には、第7章155ページで述べるブレーキ

の滑走再粘着制御が有効だが、いったんフラットができてしまった場合には、車輪表面を削りなおしている。もちろん、アンバランスにならないように基準が決められている。新幹線では左右車輪の直径差は0.2mm以下、台車内の車輪直径差は4mm以下になっている。

レール表面の周期的な凹凸（**波状摩耗**）も騒音源になるから、表面を削って平らにしておく。

急カーブでは、車輪のフランジがレールとこすれながら走るので、キーンという音が出る。この防止策としては、車側や地上側から車輪とレールの接触部に、適切に油などをまくことなどが有効である。

モータの制御装置からのピーという電磁音もある。制御用の半導体素子を、切り替え周波数の高いものに替え、電磁音を人間が聞こえない高周波数にした車両もある。

音が入らない車体の開発

騒音が車内に入らないようにするのも有効である。遮音性の高い車体の開発の経過を700系新幹線で見ていこう。

開発に当たって車内静けさの目標として、トンネル以外の区間（**明かり区間**）では68dB（デシベル）、トンネル内では75dB以下にするとされた。dBとは音の大きさの単位で、閑静な住宅街、図書館で40dB、普通の会話が60dB、交通量の多い道路や地下鉄の車内は80dB程度になる。

700系の車体の全周は、段ボールのように表と裏の皮の間に補強材が入った部材で作られた**ダブルスキン方式（2枚皮方式）**である（次ページ図3-1a）。骨組みの柱、横梁、補強材などは必要ない。

(b) 中空押し出し形材

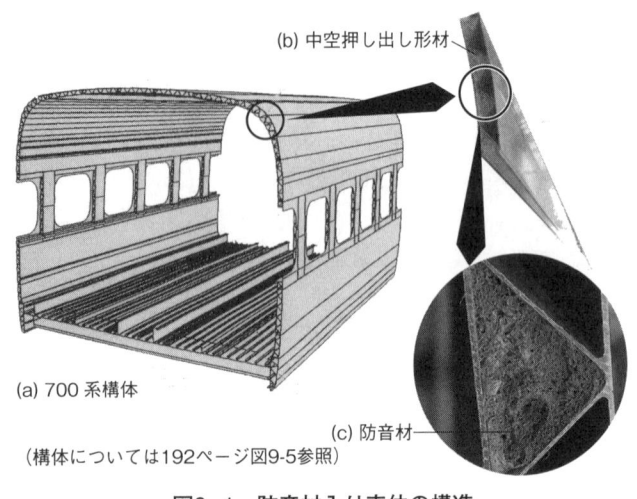

(a) 700系構体

(c) 防音材

（構体については192ページ図9-5参照）

図3-1 防音材入り車体の構造

　この部材は、ところてんを作るように、500℃程度に加熱したアルミ合金を型に押しこんでいって、一気に幅約500mm、長さは車体長さである25mのものを作る。中空で、押し出して作る形材なので、**中空押し出し形材**（図3-1b）とよんでいる。

　中空押し出し形材の内側中空部分に防音材をつめ、空気層による防音効果との相乗効果で遮音性を高めている（同図c）。

床と窓の防音

　また、台車からの音が進入しやすい台車上の車体床は、ゴムで支えた**浮き床構造**にして遮音性を高めている。

　窓ガラスは、初代の新幹線0系時代から、空気層をはさ

第3章 快適・便利な車体のしくみ

んだ3枚ガラスである（図3-2）。

外側は5mmと3mmのガラスが0.3mmの透明フィルムをはさんで接着された合わせガラスである。6mmの空気層の内側には5mmの強化ガラスが配置されている。この複層構成で高い遮音効果、断熱効果を得ている。

外側のフィルムは、はねたバラストなどがぶつかってもガラスが飛散しないようにするものである。

図3-2 新幹線の窓の複層合わせガラス（0系新幹線の例）

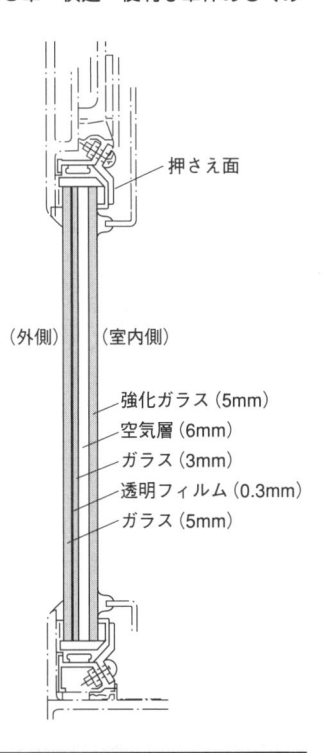

3-2 車体の気密と換気

耳つんを防げ

新幹線開発中の1962年に試作列車が完成し、小田原付近のモデル線で走行試験が行われ、1963年には256km/hが達成された。これらの試験を通して浮かび上がった課題が、トンネルを通過する際の圧力変化で耳に不快感（**耳つ**

ん）が生じることであった。

　列車がトンネルに進入すると、車体周りの空気の流れる領域が急に狭くなる。そこに同じ量の空気が流れるから、流速が増し、その結果気圧が低下する。**気密構造**になっていない車内では気圧が急激に下がり、鼓膜が外へ引かれて、耳に痛みを感じるのである。

　この現象は事前に予想されていたが、車体の気密構造化が必要なほどだとは認識されていなかった。そこで急遽耳つんと気圧変化の関係が調べられ、許される1車両当たりの隙間の総量も理論的に計算された。

　その結果、許される隙間の総量は、たった百数十cm^2だった。天井、床の四隅にかみそりの刃の厚さ程度の隙間があっても$100cm^2$を超えてしまう。

　モデル線での走行試験が繰り返された。換気装置をふさぐだけでは不十分で、出入り戸、蛍光灯、点検孔等の周りもビニールシートでふさがれた。さらに天井の吸音板にある無数の穴がセロハンテープでふさがれ、ようやく耳つんがなくなってきた。ビニールがまるで息をしているようにトンネル内の圧力変化を示してくれた、と当時の報告書に書かれている。

　これらの試験により、車体骨組み・外板の連続溶接、シール材の隙間への挿入など、量産車の車体構体気密構造化の方針が明らかになっていった。

換気に努める

　その一方で、外気の取り入れ（**換気**）は不可欠である。気密構造化と換気は相反する要求である。この他、換気を

第3章　快適・便利な車体のしくみ

しながら車内温度、湿度を適切に保たねばならない。これらの要求を満足させる換気空調のしくみが研究された。

開業当初は、トンネル内では換気装置の給排気ダクトを締めきる方法がとられた。ところが当時は客室内だけが気密構造で、出入り口や便所・洗面所は気密ではなかった。そのため便器から汚物が噴き出るトラブルなども起きた。

そこで、車体間の気密幌や、出入り口の引き戸を油圧シリンダで車体外板に押し付ける装置が開発された。これによって、出入り口や便所・洗面所も気密構造となり、トラブルはなくなった。

トンネル区間が多い山陽新幹線博多開業以降は、**連続換気空調システム**になった（図3-3）。これは、車外の圧力

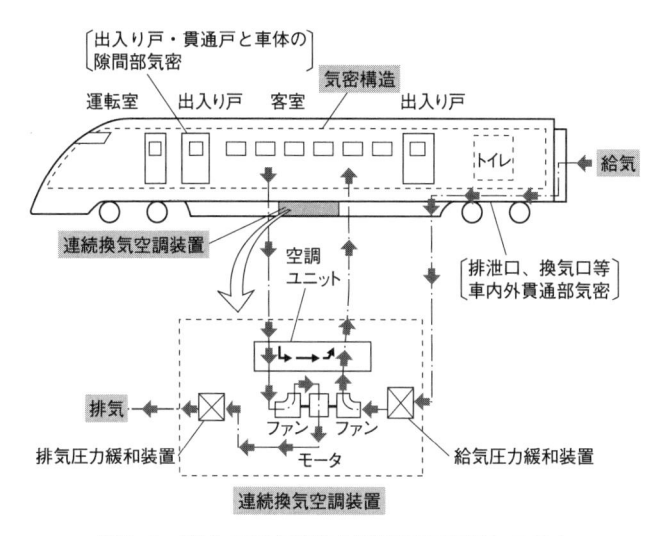

図3-3　車内の気密構造と連続換気空調システム

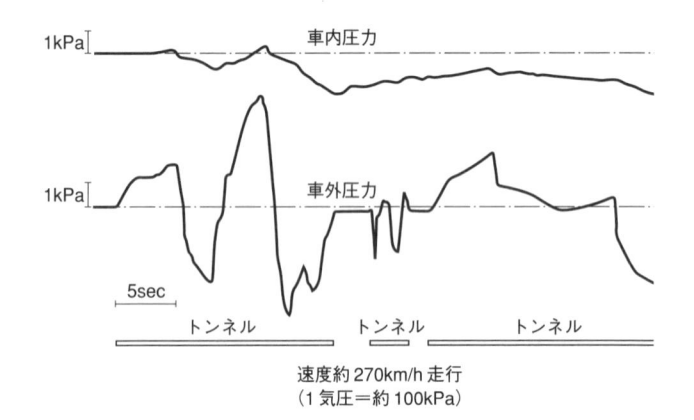

図3-4 トンネル走行時の車内外の圧力変化

が変化しても送風量の変化が小さい送風機を使い、車外の圧力変化に応じて、強制的に、車内に空気を押し込み、同量の空気を排出する方式である。これによって、車外の気圧変動が車内に及びにくくなった。

気密構造と連続換気空調システムを採用した車両の、トンネル走行時の車外圧力と車内圧力の変化を図3-4に示す。車外の気圧変化にくらべて、車内の気圧変化が小さいことがわかる。

トンネルで膨らんだりしぼんだりする新幹線

ところが、換気もでき、耳も痛くならなくなっても「よかった、よかった」とはいかなかった。一つの課題が解決されると、その解決策が新たな課題をもたらす。このような課題の連鎖は、技術の世界ではよく経験される。

第3章　快適・便利な車体のしくみ

　新幹線で、列車がトンネルに入ったときに、肘掛けにのせている手と車体の壁との隙間が広がったり、狭まったりするのに気づいたことはないだろうか。

　車体が気密構造になり、車内が一定の気圧に保たれると、車外の気圧変化に応じて、車体は膨張と収縮を繰り返すことになる。この繰り返しの力（**気密荷重**）に、車体が耐えなければならない。

　航空機も、上空にいくと気圧が低くなって膨らみ、着陸するともとへ戻るという繰り返しの力を受ける。しかし航空機と鉄道車両では大きな違いが二つある（表3-1）。

	新幹線	航空機
1m²当たりの力	約0.5t	約6t
方向	膨らむ方向と縮む方向の両方向	膨らむ方向の1方向
繰り返し回数	多い（長大トンネルでは数回）	少ない（1離着陸で1回）
想定繰り返し回数	100万回程度	数万回程度

表3-1　新幹線と航空機に加わる空気圧力の違い

　一つ目は、働く圧力の大きさと方向である。

　航空機の場合、機内は約0.8気圧に保たれている。1万mの上空では機外が約0.2気圧なので差の0.6気圧、すなわち1m²当たり6tの力が中から外の方向に働く。

　鉄道の場合には車内はほぼ1気圧に保たれていて、車外の圧力はトンネル内で伝播する圧縮波、膨張波、すれ違い列車の影響などにより複雑に変化する。時速270kmで走行するときには約0.05気圧（5kPa）増えたり（1.05気圧）、減ったり（0.95気圧）する（図3-4）。したがって

1気圧に保たれている車内の気圧と車外の気圧差は、−0.05〜+0.05気圧と変化する。

鉄道車両の受ける気圧荷重は航空機より一桁小さいが、プラス、マイナス両方向の力が働く。このことが車体構体の設計をむずかしくしている。

100万回の圧力変動に耐える

二つ目の違いは、繰り返しの回数である。

航空機は1離着陸について1回の圧力変動を受けるのに対して、鉄道車両では一つの長大トンネル走行中に、圧縮波と膨張波に数回出あう。その結果、航空機では数万回程度の繰り返し回数を想定して設計されるのに対して、車両では100万回に近い繰り返しに耐えるように設計しなければならない。

このような丈夫な車体を設計するには、気密荷重で車体がどのように変形するかを知る試験が必要である。ところが、試作車両は前述のように気密構造になっていない。気密ではない車両を用いてどのように1m^{2}当たり500kg程度（0.05気圧）の気密荷重をかけるかが難問だった。

知恵が出し合われ、アドバルーンを車内で膨らませるアイディアが採用された。しかし開発のための時間的余裕はなかった。試験用の車体は、強度・剛性の検討用に作られた実物大試験車体の中央3窓部分を輪切りにした。アドバルーン屋さんを探す、内圧は？　ガスは何を使う？　どうすれば骨組みの小さなくぼみにもうまく力が加わるか？　検討課題は山積みだったが、強い思いと粘りで次々に解決していった。

空気枕のようなビニール袋約200個が、骨組みのすべてのくぼみに入れられた。そして最後に、大きなビニール風船が車体に入れられ、空気を送り膨らませられていく。こうして車体各部に気密荷重に相当する力が均等に加えられ、車体各部のひずみが測定された。ようやく気密車体構体の量産への道が開けたのである。

現在、私たちが経験している快適な車内環境は、このような工夫と努力の成果なのである。

3-3　車両のまとめ役：連結器

英国式から国産へ

新幹線は16両編成で長さ400m。定員は約1300〜1600人（ジャンボジェット機の3倍程度）のお客さんが一度に乗車できる。通勤電車の代表格の山手線は11両編成、湘南電車は15両編成で、1編成で2000〜3000人のお客さんが乗車できる。外国では、**マイルトレイン**とよばれる100両以上の編成で全長2km近い貨物列車も走っている。

鉄道は、このように1編成あたりの輸送力が大きいことと、専用の軌道を高密度に走行することで、大量輸送が可能で非常に安全な交通手段となっている。

車両一両一両を連結し、列車としている要が連結器である。日本では1872年の鉄道開通から50年間ほどは、鎖でつなぐ方式から発展した**英国式連結器（ねじ式連結器）**が使われてきた。中央の引っ張り専門のねじ式連結器と両サ

押す力はこの緩衝器で伝える

引っ張る力はこのねじ式連結器で伝える

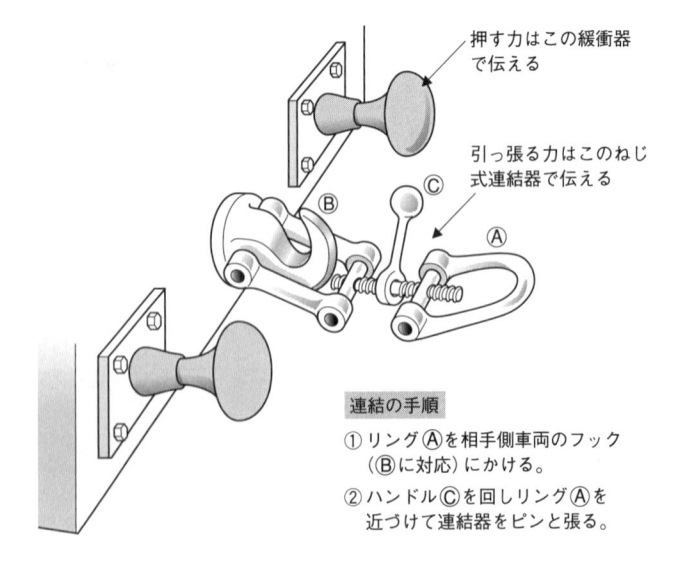

連結の手順

① リングⒶを相手側車両のフック（Ⓑに対応）にかける。
② ハンドルⒸを回しリングⒶを近づけて連結器をピンと張る。

図3-5 英国式連結器の構造

イドの圧縮専門のバネ（緩衝器）で構成されている（図3-5）。

この連結器で車両を連結するには多くの手順を要し、また危険な作業であった。

1910年代に入り強力な蒸気機関車が普及してくると、ねじ式連結器では強度が不足し、作業の安全性を高める必要がでてきた。そのために**自動連結器**への一斉取り替えが計画された。自動連結器はアメリカで開発されたもので強度も十分で、自動的に連結を行える優れものであった。

約8年もの時間をかけた周到な準備のもとに、1925年夏の一日で一気に取り替えられた。その手際のよさは今で

第3章　快適・便利な車体のしくみ

も語り草になっている。

さらにその後、自動連結器は国産の**柴田式連結器**（図3-6）に置き換わっていった。

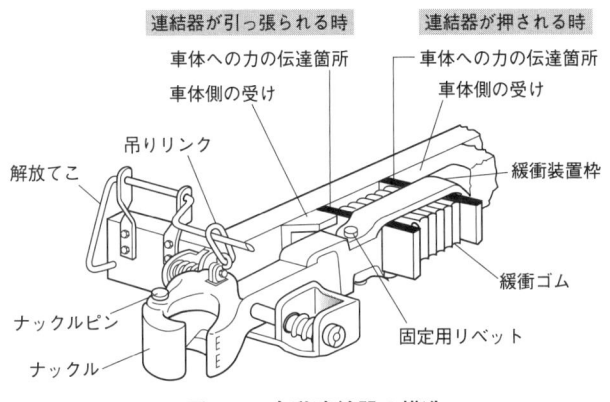

図3-6　自動連結器の構造

連結器の条件

連結器には、つないだ車両が絶対離れないこと、そして分割したい時には、簡単に外せることが求められる。この相反する条件をいかに両立させるかがポイントとなる。

列車が曲線、勾配、ポイントなどを通過する際には、前後の車両の左右、上下方向の向きが食い違う。また、前後の車両が逆方向にローリングすることもある。これらの車両間の動きを可能にするのも連結器の役目である。

図3-6、次ページ図3-7に示すように、連結器はゴム

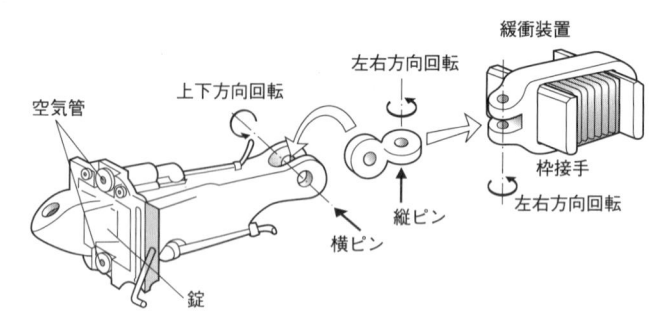

図3-7　密着連結器の構造

入りの緩衝装置を介して車体枠につながれる。緩衝装置は、前後方向の衝撃力によって車体が痛んだ、乗り心地が悪くなるのを防ぐ。

連結器のしくみ

　連結器には自動連結器と密着連結器がある。

　自動連結器は貨車などに用いられている。連結された状態で連結器間に隙間ができるため、加速時やブレーキ時などに大きな衝撃を生じる欠点がある。

　この隙間を無くしたのが**密着連結器**である（図3-7）。

　密着連結器で連結するときは、連結器の頭部が相手側の連結錠を回転させながら進入していく。完全に進入し両連結器が密着すると、バネの力で連結錠が回転して頭部を固定する。解放するときは、連結錠を回転させる解放てこを回す（図3-8）。

　解放てこは人力で回していたが、最近では、運転席から

第3章 快適・便利な車体のしくみ

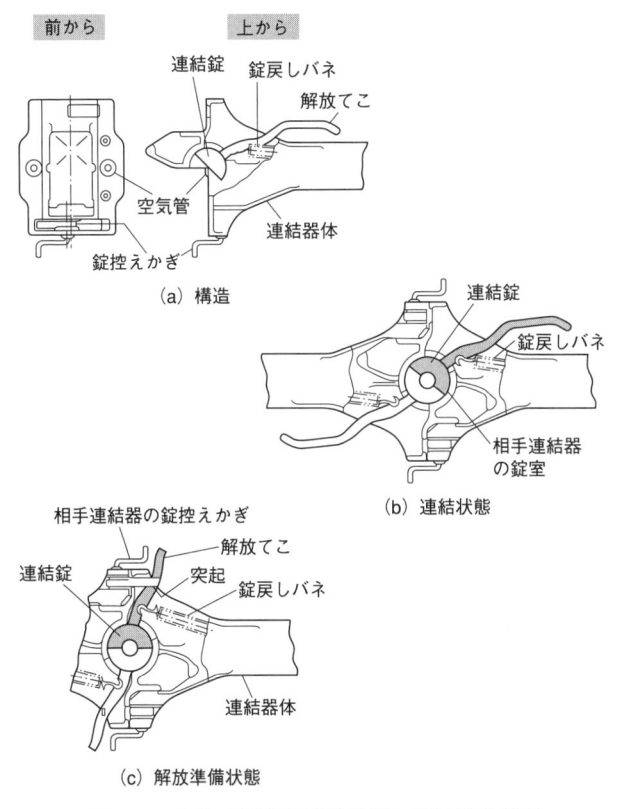

前から **上から**

(a) 構造
 - 連結錠
 - 錠戻しバネ
 - 解放てこ
 - 連結器体
 - 空気管
 - 錠控えかぎ

(b) 連結状態
 - 連結錠
 - 錠戻しバネ
 - 相手連結器の錠室

(c) 解放準備状態
 - 相手連結器の錠控えかぎ
 - 解放てこ
 - 突起
 - 錠戻しバネ
 - 連結錠
 - 連結器体

図3-8 密着連結器の連結状態と解放準備状態

の操作により、機械で回すものも使われるようになった。

密着連結器は新幹線はじめ多くの旅客列車、高速貨物列車などで用いられている。非常に密着性がよいので、ブレーキ用空気管も組み込まれている。新幹線車両などでは、列車制御用電気配線のコネクターも同時に結合されるよう

になっている。

連結器の後ろには、前後方向の衝撃を緩和する**緩衝装置**（大容量用のゴムパッキング）が設けられている。

また、固定編成で他列車と連結される可能性の低い列車などでは、車体との接続部を球面継ぎ手とした1本の棒で接続した列車などもある。

新幹線の自動連結

二つの列車の連結作業風景をホームで目にしたことがあるかもしれない。誘導員の旗の合図で列車がしずしずと近づき、何度か停止した後連結が完了する。

このような誘導員無しで、スピーディな**自動連結**を行っているのが、福島駅での山形新幹線列車と東北新幹線列車、盛岡駅での秋田新幹線列車と東北新幹線列車の連結である。

山形新幹線と秋田新幹線は、在来線の線路幅を新幹線と同じ幅に変え、トンネルの大きさや、カーブの半径は在来

図3-9 「つばさ」(手前)と「やまびこ」の連結

線のままにしたミニ新幹線である。

　盛岡駅での連結では、秋田新幹線列車の東京方運転台の運転手が、停止している東北新幹線列車の盛岡方運転台の車掌と連絡を取りながら作業する。

　運転台からの操作で、両列車の前頭部のカバーが開く。連結位置までの距離はセンサで測定され、運転台に表示される。連結直前の速度が速すぎると、自動的にブレーキがかかる。連結位置の手前3mで一旦停止した後、静かに連結される。

　以前はその後、密着連結器の上に取りつけられた**電気連結器**が前方に移動して連結が完了していたが、最近では、密着連結器と電気連結器が同時に連結を完了するようになった。

　東京駅での山形新幹線列車と東北新幹線列車の連結状態を図3-9に示す。このような安全でスピーディな連結が、新幹線・在来線直通運転を支えているのである。

第4章

鉄道が曲がるしくみ

新幹線 100 系車両
（撮影／講談社写真部）

4-1 自動車と鉄道の曲がり方の違い

タイヤの向く方に曲がる?

鉄道車両が「曲がる」しくみを知るには、より身近な自動車の「曲がる」しくみが大いに参考になる。

自動車では、たとえば右に曲がるときには、ハンドルを右に回してタイヤを右に向ける。そこで「タイヤが向いている方向に進むから曲がっていく」と思いがちだ。

しかしこれでは半分しか正しくない。極低速のときにはそのとおりだが、速度が高くなると車輪の向きと運動の方向は食い違ってくるのだ。

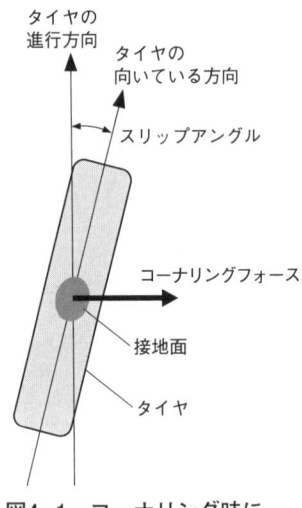

図4-1 コーナリング時にタイヤに働く力

図4-1に示すように、カーブ通過中にタイヤの向いている方向と、タイヤの進む方向は食い違う。この角度を**スリップアングル**とよぶ。スリップアングルが生じると、その角度に比例する力(**コーナリングフォース**)がタイヤと路面の間に働く。この、タイヤが踏ん張る力(**グリップ力**)がカーブでの求心力となり、自動車が遠心力で外へ飛ばされないのである。

第4章 鉄道が曲がるしくみ

自動車のカーブ通過中の運動

カーブ通過中の自動車の運動を考えるには、図4-2に示すように、旋回中心を考えるとわかりやすい。運動方向は旋回中心に対して直角方向となる。

低速のとき（図4-2a）は遠心力が小さいので、タイヤは踏ん張る必要がない。運動方向とタイヤの向きは一致しており、スリップアングルはゼロである。車体のお尻は内側に入ってくる。

しかし高速になる（同図b）と、遠心力に負けないように踏ん張るため、車体はスリップアングルが生じる方向に角度を取り、お尻が外へ出て行く。

次ページ図4-3は、カーブ走行中の自動車を後ろから見た図である。

重心に加わる遠心力と、路面に働くコーナリングフォー

α：スリップアングル
F_C：コーナリングフォース

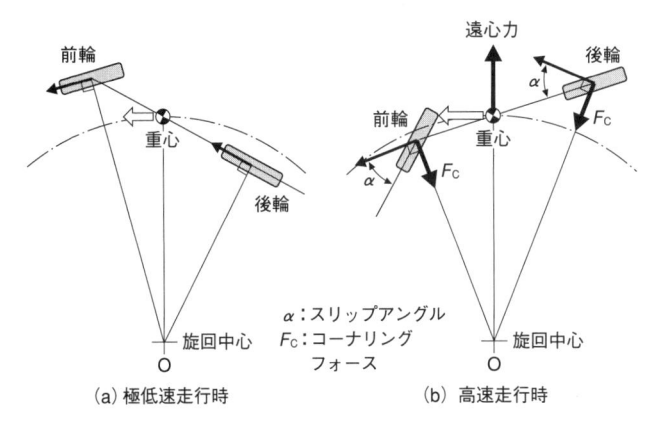

(a) 極低速走行時 (b) 高速走行時

図4-2　コーナリング時に自動車に働く力

図中のラベル:
- サスペンション力（↑）による復元モーメント
- 外傾する → カーブ外側
- 遠心力
- 遠心力（→）コーナリングフォース（→）による外傾モーメント
- コーナリングフォース
- 左へ旋回中の自動車を後ろから見た図

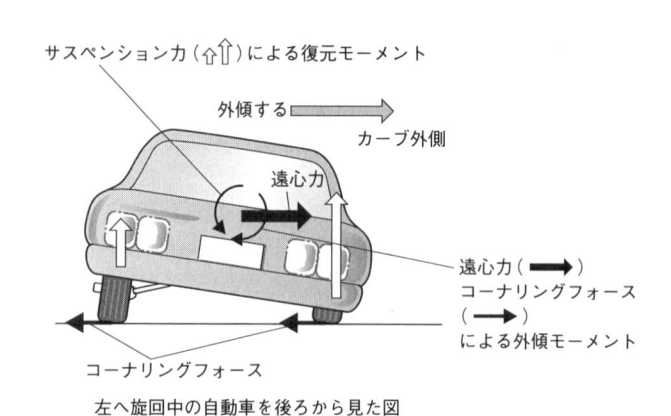

図4-3　高速コーナリング時に車体に働く力

スは、左右方向には釣り合っている。しかし加わる点の高さが異なるため、車体はカーブの外側へ傾く。この外傾させる力と釣り合っているのは、左右のサスペンションによる復元力である。

また、カーブでは内側の車輪と外側の車輪は、カーブ半径が違い移動距離が異なるから、回転数に差がある。

そこで自動車では、エンジンの駆動力は、抵抗の大小で内外（左右）車輪の回転数を変える**ディファレンシャルギア（差動歯車）**を通して左右の車輪に伝えられている。外側車輪は内側車輪より抵抗が小さいので、回転数が高くなり、スムーズにカーブを曲がれるというしくみである。

鉄道車両が曲がるしくみ

さて鉄道車両である。鉄道車両と自動車には大きな違いが二つある。一つは、自動車が広い路面を2次元移動する

第4章　鉄道が曲がるしくみ

のに対して、鉄道車両はレールに沿った1次元移動をする点である。そしてもう一つは、自動車がディファレンシャルギアで内外の車輪の回転数を変えられるのに対して、鉄道車両の車輪は左右が軸でつながっているから、内外で回転数を変えられない点である。

このような鉄道の車輪がカーブを曲がるための工夫が、第1章で見た、フランジと踏面である。

輪軸（23ページ参照）が右へずれれば右車輪のフランジがレールに当たり、左にずれれば左車輪のフランジがレールに当たる。こうして常にレールにガイドされて進んでいく。曲線でも同じことで、カーブしているレールにフランジが接触し、レールにガイドされながらカーブを回っていくのである。

何だ、理屈は簡単。車輪はフランジでレールにガイドされて走るのだから、曲がるのは当然と思われただろうか。

では、もしも車輪にフランジがなかったら、あるいはフランジをレールに接触させずに、カーブを走行することはできないのだろうか。その答えを出す前に、まずカーブをもう少し詳しく調べてみよう。

カーブでは、外側のレールは内側のレールより長くなる。そこで、外側車輪は内側車輪より、レール長さの差だけたくさん進まなければならない。自動車では差動歯車でカーブでの内外車輪の回転数差をつけることで解決している。しかし鉄道車輪は、内外車輪はつながっていて回転数を変えられない。そこで登場するのが、踏面の外側への傾き（**踏面勾配**：22ページ参照）である。

輪軸が曲線外側に移動すると、車輪とレールの接触点が

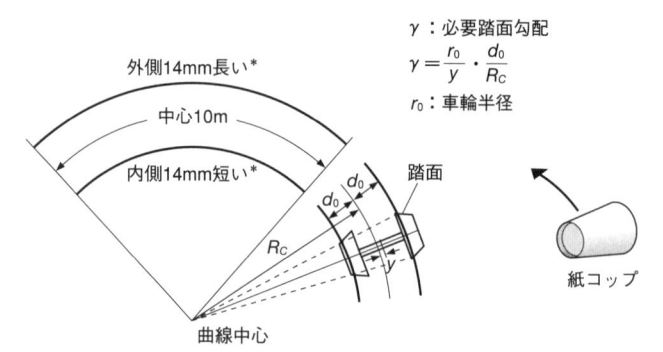

図中:
- 外側14mm長い*
- 中心10m
- 内側14mm短い*
- R_C
- 踏面
- d_0
- 曲線中心
- 紙コップ
- γ：必要踏面勾配
- $\gamma = \dfrac{r_0}{y} \cdot \dfrac{d_0}{R_C}$
- r_0：車輪半径

（*曲線半径 R_C ＝ 400m、左右レール中心間隔 $2d_0$ ＝ 1132mm として）

図4-4　コーナリング時の内外車輪の移動距離

ずれて、踏面の傾き分だけ外側車輪の半径は大きく、内側車輪の半径は小さくなる。これによって、同じ回転数で外側車輪は内側より多く進むことになる（図4-4）。

これは、底と口との直径が異なる紙コップを転がすと、自然に曲がっていくのと同じである。

では、踏面勾配（γ）がどれくらいなら、フランジをレールに接触させずにカーブを走行できるのか。

曲線での輪軸が左右に動ける範囲 y（フランジがレールにあたるまでの距離：**フランジ遊間**）内で左右車輪の半径比が外側、内側レール長さ比に等しくなればよい。

たとえば半径200mの曲線を回るには傾き（γ）が約10分の1、半径400mの曲線を回るには約20分の1の傾きが必要である。

10分の1の傾きとは、たとえば幅80mmの踏面なら、外側が内側よりも8mm小さくなる勾配である。

第4章 鉄道が曲がるしくみ

4-2 カーブでの鉄道車両の運動

カーブで車輪に働く外側への力

しかしこれで解決とはいかない。前項で書いた「輪軸が曲線外側へ移動」しなければならない。輪軸を曲線外側へ移動させる力はなにか。

「その力は遠心力」と説明している本をいくつか見かけたが、この説明で正しいだろうか。

そこで、まず輪軸が曲線を走るときに車輪とレールの間に働く力を見てみよう。

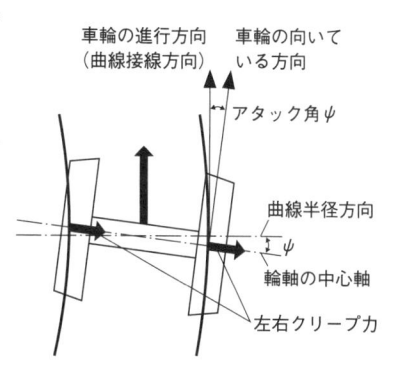

図4-5 コーナリング時に鉄道車輪に働く力

車輪の進行方向（曲線の接線方向）と車輪の向いている方向のなす角を**アタック角**（ψ）とよび、輪軸の中心軸と曲線の半径方向のなす角とも同じである（図4-5）。その符号は、車輪が外側レールを向いている場合を正とする。

このような場合に、車輪・レール間には、アタック角に比例する曲線外側への左右方向の力（**クリープ力**）が働く。

タイヤのところで似たような説明をした。72ページ図4-1と図4-5を見比べてほしい。スリップアングルがア

タック角に、コーナリングフォースが左右クリープ力に対応している。言葉は違うが、現象としてはまったく同じものである。

ただし、コーナリングフォースは進む方向に直角な力だが、左右クリープ力は車輪の向きに直角な力で、定義が少し違う。また、ゴムタイヤと鉄車輪、道路とレールはその硬さなどが大きく異なるので、角度と力の比例定数は鉄車輪のほうが非常に大きい値になる。

つまり、たしかに遠心力が働くと輪軸は曲線外側へ移動する。しかし遠心力が働いていない場合にも、輪軸がアタック角をもち、曲線外側への左右クリープ力が生じるので、輪軸は曲線外側へ移動するのである。

鉄道車両のカーブの曲がり方

実際に車両がカーブを走るときには、台車は車体に対して旋回している（図4-6）。

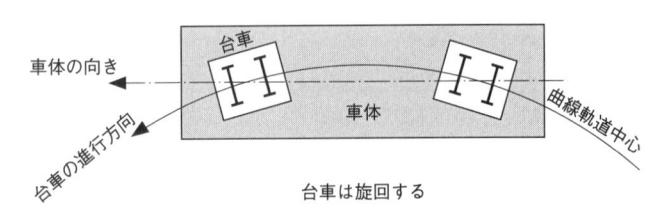

図4-6 コーナリング時の車体と台車

車輪とレールが接触する点には、いま説明した左右クリープ力の他に、前後のクリープ力が働く。前後クリープ力により、輪軸のアタック角を小さくする**自己操舵機能**が働

第4章　鉄道が曲がるしくみ

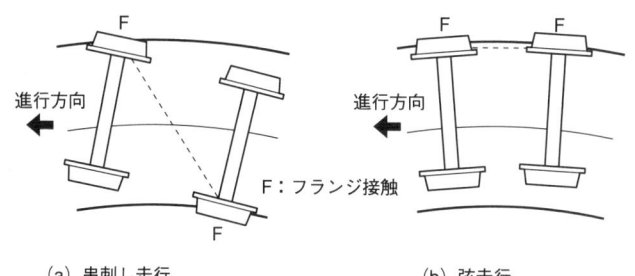

```
（a）串刺し走行　　　　　　　　　　（b）弦走行
　　（急曲線・低速）　　　　　　　　　　（緩曲線・高速）
```

（誇張して描いてある。Fの反対側車輪はレールの上にある。）

図4-7　コーナリング時のレールとフランジ

く。車体、台車、輪軸には、速度や後で述べるカントの大きさで決まる遠心力が働く。これらの力の釣り合いから、車体、台車、輪軸、レールの位置関係が決まる。

　急カーブを低速で走行すると、台車の前輪軸はカーブの曲線外側に寄り、外側車輪のフランジがレールと当たる。一方、後ろの輪軸はカーブ内側に寄り、内側車輪のフランジがレールと当たる。このような状況を**串刺し走行**とよぶ（図4-7a）。

　反対にゆるいカーブを高速で走行すると、前後の輪軸ともに遠心力でカーブの外側に引っ張られ、外側車輪のフランジがレールと接触する。これを**弦走行**とよぶ（同図b）。

　この中間に、前後の輪軸ともフランジがレールに接触しない走行状態がある。

　人でも、走るときに遠心力と釣り合わせるために、無意識に（制御して）体を内側に傾ける。内傾がカーブでの走りの基本形なのだ。ところが、傾きに対して制御機能がな

い自動車、鉄道は外傾してしまう。

図4-8は、左カーブを走る車両を後ろから見た図である。遠心力が加わる車体重心点は、支えている車輪とレールの接触点より上にあるので、車体はカーブの外側へ傾くことになるのである。

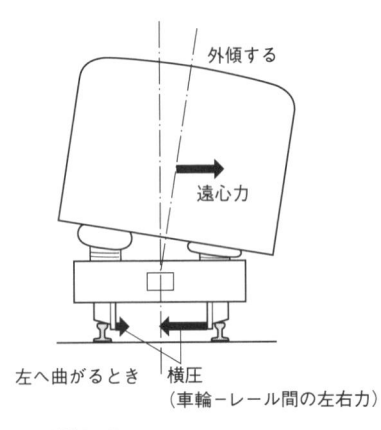

図4-8
コーナリング時の車体の傾き

4-3 蛇行動

曲がりやすさと蛇行動

カーブをスムーズに走行するには、左右の車輪の半径差が大きくなるよう、車輪の踏面勾配を大きくすることが有効である。また、前後クリープ力で輪軸のアタック角を小さくする自己操舵機能が発揮されやすいようにするのが有効である。すなわち台車に対して輪軸が、車体に対して台車が、それぞれ旋回しやすいように、それらの回転バネが柔らかいことが望まれる。

ところが、このような曲線好みの車両にすると、新たな課題が生ずる。それは、高速になると、車体や台車が激し

第4章　鉄道が曲がるしくみ

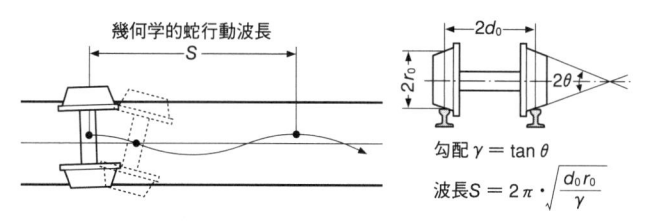

図4-9　幾何学的蛇行動

勾配 $\gamma = \tan\theta$

波長 $S = 2\pi \cdot \sqrt{\dfrac{d_0 r_0}{\gamma}}$

く、左右に揺れだす不安定な振動現象（**蛇行動**）がいきなり起こることである。蛇行動は乗り心地を悪くするだけでなく、軌道を壊したり脱線にもつながりかねない。

　蛇行動が生じる基本的要因は、車輪がレールと当たる踏面に勾配がついていることである。つまり、曲がりやすい車両ほど蛇行動を起こしやすい。その理由を考えてみよう。

　まず、輪軸がレール上をゆっくりと転がっていく場合を見る。輪軸が左右にぶれると、踏面勾配のために右左の車輪に半径差ができるので、輪軸は右へ左へ一定の振幅で蛇行する（図4-9）。**幾何学的蛇行動**とよばれている現象である。また元の状態へ戻るまでに輪軸が進む距離を蛇行動波長といい、図中に記した式で与えられる。

　走行中、輪軸にはさらに慣性力や軸バネからの力、車輪とレールの接触面に働くクリープ力などが加わる。その結果、速度が増すと輪軸の蛇行の振幅が増加していき、やがて車輪フランジが激しくレールに衝突するようになる。

　蛇行動が起こり始める速度（**蛇行動限界速度**）は、蛇行動波長に比例する。

	蛇行動安定性を重視するとき	曲線通過性能を重視するとき
台車回転抵抗	大	小
軸箱支持剛性	ある程度大	小
踏面の等価勾配	小	大
軸距（前軸・後軸間前後距離）	大	小

表4-1　曲線対策と蛇行動対策は相反する

つまり、営業運転速度では蛇行動が起こらないようにするには、蛇行動波長を大きくすればよい。すなわち車輪踏面勾配を小さく、左右レール間距離は大きく、車輪半径は大きくするのが有効である。また、輪軸や台車がフラフラしないように輪軸を台車に、また台車を車体に堅く取り付けることなども効果がある。

蛇行動安定性と曲がりやすい車両にする対策とは、相反するものが多い。整理したものを表4-1に示す。

新幹線での蛇行動対策

世界初の高速車両だった新幹線車両の設計では、蛇行動を起こさないこと（**蛇行動安定性**）が、より重視された。車輪踏面勾配は在来線の20分の1から40分の1へ、左右レール間隔は1067mmから1435mmへ、車輪半径は430mmから455mmへと、いずれも蛇行動波長を長くする方向に変更された。

その結果、蛇行動は起こりにくくなったが、曲線通過のとき、車輪フランジとレール肩部が擦れ合うための摩耗が

第4章　鉄道が曲がるしくみ

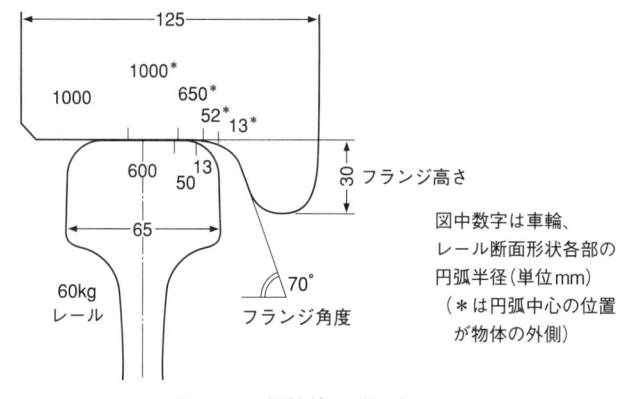

図中数字は車輪、レール断面形状各部の円弧半径（単位mm）
（＊は円弧中心の位置が物体の外側）

図4-10　新幹線の踏面とレール

課題になった。そこで300系新幹線以降の新型新幹線車両では、蛇行動安定性に対する余裕を、少し曲線通過特性にふり向け、両性能がバランスよく実現できる車両が開発された。

その対策の一つが、車輪踏面の形状である。それまでの新幹線では直線的だった踏面を、新型新幹線では円弧を組み合わせたものにしている（図4-10）。

高速で走る直線部分でレールと接触する車輪中央部分の傾きは小さくして蛇行動安定性を増す。一方、カーブでレールと接する車輪フランジに近い部分は、傾きを大きくして曲線通過特性をよくする、という考え方である。

この形状は、車輪摩耗の面でも優れている。車輪は走るにつれてすり減っていく。それによる形状変化は、最初の数十万kmでは大きいが、だんだん小さくなってくる。車輪がレール形状となじんで、接触圧力が小さい形になるた

めと推測されている。それなら、はじめからなじんだ摩耗形状にすればよいのではないか、という発想で生まれたのがこの**円弧踏面**である。

このような工夫はされているが、摩耗をゼロにすることはできない。定期的な修繕時に、限界直径になるまでは摩耗した車輪を研削し、もとの踏面形状に再生している。

乗客の皆さんがあまり気に止めていない車輪の形状は、鉄道にとっては非常に重要なのである。

4-4　カーブ走行の得意な車両の開発

線路はなぜカーブで傾いているのか

カーブでは軌道が内側に傾いているのにお気づきの人も多いだろう。フランジと踏面勾配が、鉄道車両が曲がるための車両側の工夫とすると、レール側の工夫は軌道の傾きなのである。それがどのように役立っているのだろうか。

乗客が感じる左右方向の力は、車体床面に平行な方向の力である（図4-11）。

図aのように外傾すると、遠心力と重力による車体左右方向の力は、足しあわされて大きくなる。

この力が大きいと、立っている乗客が踏ん張りきれずによろけたり、座っている人も体を持っていかれそうな不愉快な力を感じる。さらに大きくなると、車両そのものが外側へ転倒してしまうおそれもある。

これに対して図bのように内傾すると、遠心力と重力に

第4章 鉄道が曲がるしくみ

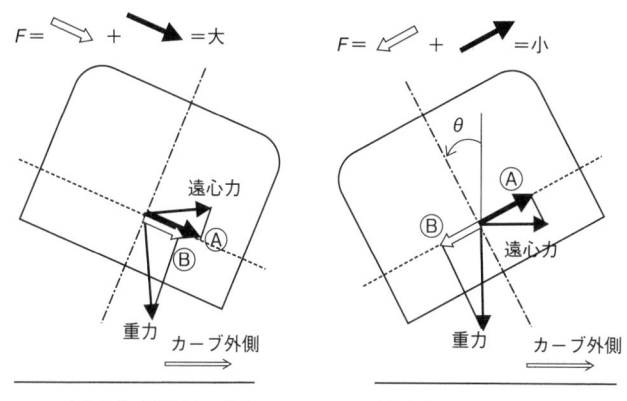

(a) 車体が外傾する場合
(b) 車体が内傾する場合

Ⓐ 遠心力の車体床面に平行な力
Ⓑ 重力の車体床面に平行な力
F 乗客が感ずる左右方向の力

$$\tan\theta = \frac{V^2}{gR}$$

θ：乗客の感ずる左右方向力を0とする車体内傾の角度
V：走行速度
R：曲線半径

図4-11 曲線で乗客が感じる左右方向の力

よる車体左右方向の力は、逆向きとなり小さくなる。

車体左右方向の力をゼロにするには、図中に示した式を満たす角度θだけ内側に傾ければよい。では、どのように傾けるか。

一つは線路ごと傾けてやれという考えである。競輪場の競走路が傾斜（バンク）しているのと同じ考えだ。曲線での傾きを**カント**という。鉄道では、カントの量（値）を左右レールの高さ差で表す（次ページ図4-12）。

カントの値は、その曲線を走る特急電車、通勤電車、貨

内側　　　　　　　　　外側

軌間　　　　　　カント

在来線で105mm以下
新幹線で180mm以下

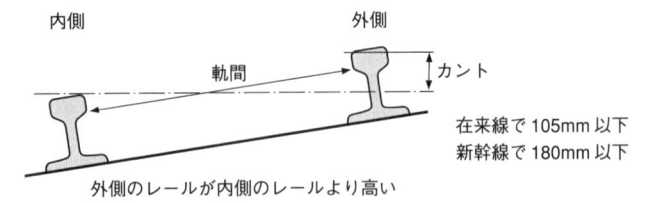

外側のレールが内側のレールより高い

図4-12　曲線でのレールの傾き（カント）

物列車など性能の異なるいろいろな列車の速度を考慮して決められている。あまり大きいカントをつけると、そこで列車が停止し、横風が吹いたりした場合などに転覆する危険がある。そこで、在来線は半径400mの曲線で105mm（角度5.6°）以下、新幹線で180mm以下のカントがついている。

カーブでの密かな工夫

　カーブでは左右レールの間隔（軌間）が、直線部分より少し広げられているのにお気づきだろうか。この広げられている量を**スラック**という。

　スラックの目的は、前軸と後軸の前後間隔が長く、軸が旋回できない構造の車両（たとえば蒸気機関車）が、曲線で車輪のフランジとレールが噛み合ってしまい、旋回できなくなるのを防ぐためである。

　スラックの値は、曲線半径が小さいほど大きくする必要がある。しかし大きすぎると一般の車両には不都合になるので、25mm以下に制限されている。

　また、直線から曲線への変化、その逆の変化部分にも工夫がある。

第4章 鉄道が曲がるしくみ

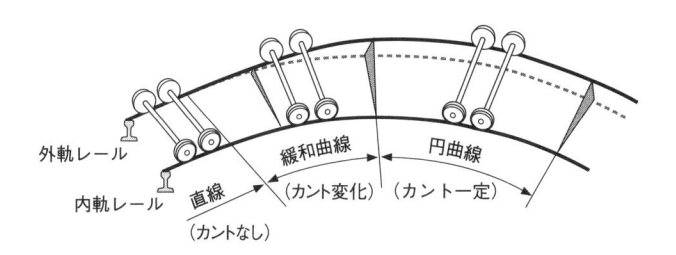

図4-13 遠心力を滑らかにかけていく緩和曲線

　直線から曲線にいきなり移ると、遠心力が突然かかって乗客がよろけてしまう。この防止策として、**緩和曲線**とよばれる橋渡し役の線路を、直線と円曲線入り口の間、円曲線出口から直線の間に入れている（図4-13）。

　緩和曲線区間では、曲線半径を直線（無限大）から円曲線の半径まで連続的に変化させている。また、この入り口緩和曲線区間ではカントを徐々に増やして、出口緩和曲線では減らしている。

　このような細かな工夫が、乗り心地や安全性をいっそうよくしている。

乗り心地からのカーブでの限界速度

　内側に傾けるもう一つの方法は、車両自体を傾けることである。

　カーブが多い在来線で営業運転速度を上げるには、直線での最高速度を上げるより、カーブをいかに速く走れるかがポイントとなる。とくに特急列車にとっては、いろいろな車両のことを考えて設定されているカントの大きさは、

十分なものではない。

たとえば半径400m、カント105mm（角度5.6°）のカーブでは、車体に加わる遠心力と重力の合力が床面に垂直となり、お客さんが左右方向の力を感じない速度（**バランス速度**）は71km/hとなる。

それでは、この左右方向の力はどの程度まで加わると不快に感じるのだろうか。左右方向の力は加速度の単位m/s^2で表している。走行試験のアンケート調査のデータなどから、加速度が0.3m/s^2程度以下ならあまり不快は感じず、0.8m/s^2が限度値とされている。

現在、半径400mの曲線の標準時速は75kmである。この速度では、前述のカント量の場合には加速度は0.12m/s^2になる。もし車体を5°傾けられれば、バランス速度は97km/hに上がる。さらにこの状態で加速度を0.8m/s^2まで許すなら、116km/hでの走行が可能になる。

車体を傾ける振子車両

そこで、カントの足りない分は車体を内傾させようという**振子車両**（**車体傾斜車両**）が考え出され、1973年以来、コロ式の自然振子車両が用いられてきた。

しかし自然振子車両には、摩擦力による振れ遅れなどいくつかの課題があった。そこで1989年に、空気アクチュエータをつけた**制御付き振子車両**が実用化され、現在日本中で営業運転されている。

振子制御のしくみを図4-14に示す。

決められた路線を走るという鉄道の特徴を利用し、各曲線の始点・終点の位置、緩和曲線始点・終点位置、曲線半

第4章　鉄道が曲がるしくみ

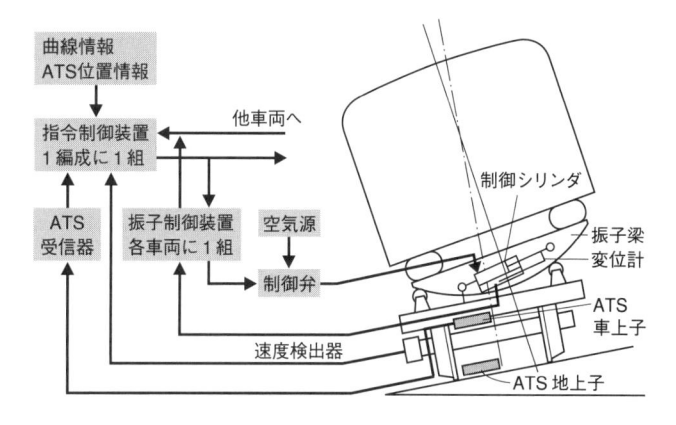

図4-14　在来線振子車両の振子制御のしくみ

径、カントの曲線情報と**ATS地上子**（その場所を車両が通過すると、車両に信号が送られる）の設置されている位置を、あらかじめ先頭車両にある指令制御装置に記憶させておく。

走行時には指令制御装置が、時々刻々の列車の正確な位置と走行速度を把握する。

現在位置を知るには、地上のATS地上子からの信号を基準に、その後の車輪回転数から距離を求めている。

曲線が近づいてくると、指令制御装置は、各車両の振子制御装置に制御開始の指令を送る。振子制御装置は空気制御弁を操作して、車体を振れさせるシリンダへ空気を送り、速度、曲線位置で決まる目標の角度に振子を振る。振子角度は最大で5°である。

車体傾斜の回転中心が車体重心より上部にあり、遠心力

で振子のように振れる車両を、**振子車両**とよんでいる。次項で述べる新幹線の場合には空気バネの上下で車体を傾斜させるので、回転中心は車体重心よりは下になるから、振子車両とはよばない。**車体傾斜車両**というのが、より広い名称である。

新幹線の車体傾斜車両

次に新幹線の車体傾斜車両を見てみよう。

新幹線本線の最小曲線半径は、東海道新幹線が2500m、その他の新幹線では4000mである。東海道新幹線の現在の走行速度は、直線では270km/hだが、半径2500mカーブでは250km/hに減速している。現在走行試験中の新幹線車両N700系(18ページ写真参照)では、この曲線通過速度を270km/hに増すために、**空気バネストローク式車体傾斜装置**付きの車両が開発された(図4-15)。

必要な車体傾斜角度が1°と小さいので、在来線振子車両の**振子梁**はなく、現状の台車構成のまま、空気バネを車体傾斜のアクチュエータとする方式である。

制御の基本的考え方は在来線の振子車両と同じで、空気バネ高さ、走行速度、位置情報から、必要な車体傾斜角を算出し、空気バネへの空気流入出の電磁弁の開閉を行い、空気バネ高さを制御する。

ちなみに、自動車でも一部の高級車で車高制御、ピッチ角制御、ロール角制御の姿勢制御を行っている。鉄道の傾斜制御に対応するのはロール角制御だが、自動車の場合は、曲線で体感する遠心力が運転するうえでの重要な情報なので、遠心力を感じなくするまで車体を傾斜させること

第4章 鉄道が曲がるしくみ

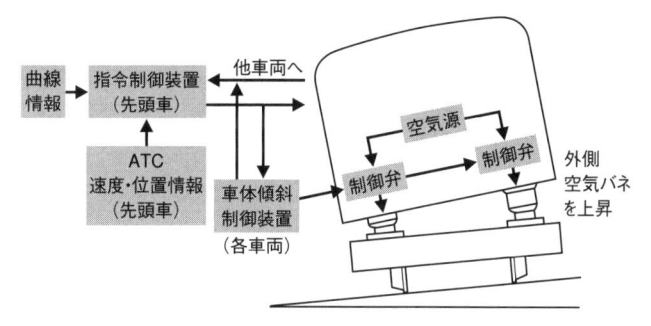

図4-15 新幹線N700系の車体傾斜制御のしくみ

は好ましくない。通常は外側への傾きを抑え車体が水平になるまでを目標としている。

これに対して鉄道では、プロの運転士が線路状況に応じてきめ細かく決められている制限速度を目標に運転するので、体感を運転にフィードバックする必要はない。そのため、車体の傾斜はもっぱら乗客の乗り心地改善を目標に、水平からさらに内傾させているのである。

曲線好みに変身する操舵台車

曲線を高速で走ることによるもう一つの課題は、車輪がレールを横方向に押す力（横圧）が大きくなって、レールの歪みを増大させ、保守の仕事が増えることである。

もしも、半径が一定の曲線をグルグル回るだけの車両を設計しろといわれたとしたらどうするか。

まずアタック角がゼロになるように、輪軸が曲線の半径方向を向き、車輪は曲線接線方向に進むようにした配置にするとよさそうだ。さらに、曲線外側の車輪の半径を、内

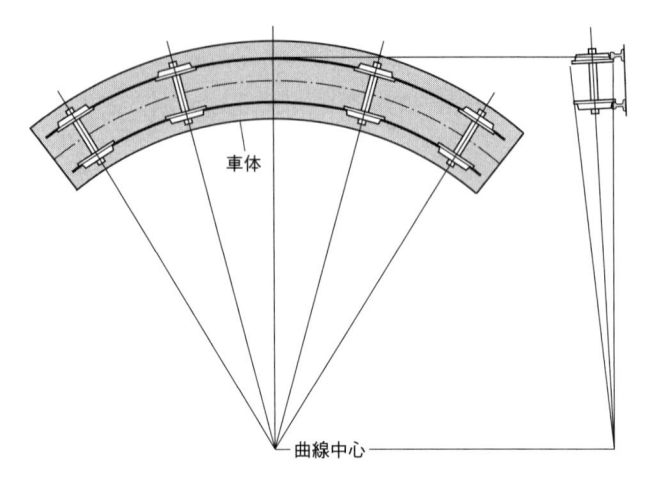

図4-16　カーブに合わせた車両

側車輪半径より大きくする。曲線中心に頂点のある円錐から切り出した輪軸とすればよいだろう（図4-16）。

しかしこの形状では左右復元力が生じないので、復元力を与える踏面勾配を追加する必要がある。

ついでに、車体とホームも円弧状にすれば、車体とレールの左右方向のずれを小さくできるので、ホームと車体の隙間を小さくできる。

このような円弧状の車体は変に感ずるかもしれないが、急勾配区間だけを走るケーブルカーでは、車体を横から見た形が長方形でなく平行四辺形になっている例もあるので、慣れの問題かもしれない。

もちろん実際の車両では、直線も曲線も走らなければならない。そこで、曲線にさしかかるときだけ、このような

第4章 鉄道が曲がるしくみ

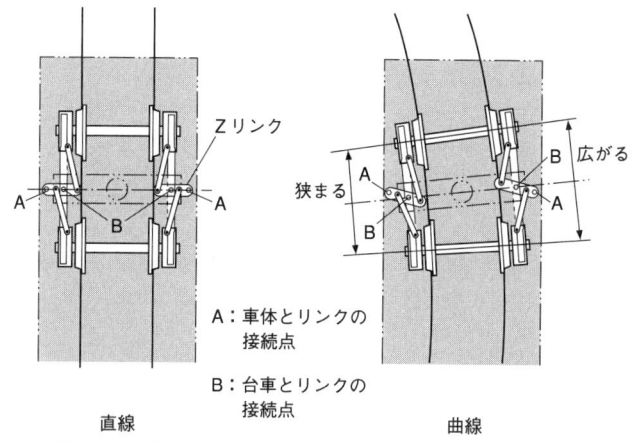

図4-17 操舵台車のしくみ（台車旋回角連動リンク式）

（直線／曲線、Zリンク、A：車体とリンクの接続点、B：台車とリンクの接続点、広がる、狭まる）

曲線好みの車両に変身できないだろうか。

　左右車輪半径に差をつけること、車体を円弧状にすることはむずかしそうだが、曲線で輪軸の向きを変え、アタック角ができるだけゼロになるようにすることは可能だ。そのような車両の台車を**操舵台車**とよんでいる。

　1997年からJR北海道の札幌－釧路間の特急列車として走っている操舵台車を図4-17に示す。曲線に入ると、台車は車体に対して旋回するので、その旋回角変化をリンク機構で輪軸に伝え、アタック角ゼロの位置に向ける。いわばハンドルのついた鉄道車両である。

　振子機能やこの操舵機能により、それまで4時間25分かかっていた札幌－釧路間が3時間40分に短縮された。湿地が多く、線路ががっしりしていない線区で、レールを傷めずに走れる車両の切り札になっている。

第5章

架線とパンタグラフ

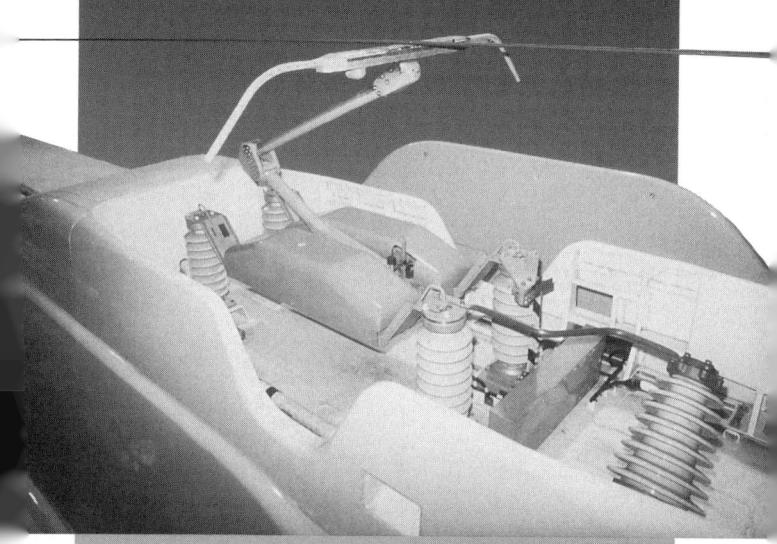

新幹線700系車両の低騒音パンタグラフ（写真提供／JR東海）

5-1 電気が電車に届くまで

直流と交流

電車はモータで走る。そのモータを回すのに必要な電気は、変電所から**トロリ線**（線路の上に張られた電線）に送られてくる。電車の屋根に載ったパンタグラフが、トロリ線と接触して電気を取り込んでいる。

ご承知のように電気には直流と交流がある。

直流は、電池のように電圧が一定の電気である。

それに対して**交流**は、時間とともに電圧が変化する電気である。交流にはさらに**単相交流**（図5-1a）と**三相交流**（同図b）がある。

単相交流は家庭用がその代表で、2本の電線で送られ、その電圧の実効値（最大値の$\sqrt{2}$分の1）が100V、周波数は富士川より東で50Hz（ヘルツ）、西で60Hzである。

三相交流は業務用の電気で、3本の電線で送られ、それぞれの線の最大電圧となる時間が、3分の1周期ずつずれている。

鉄道を電気運転することを**電化**といい、電気を車両に送

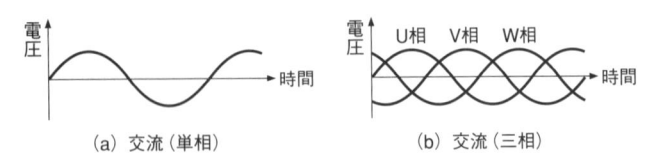

(a) 交流（単相）　　(b) 交流（三相）

図5-1　単相交流と三相交流

ることを饋電(きでん)(以下「き電」と表記)という。

発電所から送られた何十万Vもの高圧電気は、送電変電所で例えば6万6000V(都市部では2万2000V)に下げられ、鉄道変電所に届く。ここまでは三相交流だが、鉄道変電所から、パンタグラフが接するトロリ線へ送る電気は、直流の場合(**直流き電**)と交流の場合(**交流き電**)がある。

電車の歴史

世界初の営業鉄道は、1825年に英国で、蒸気機関車ロコモーション号により開始された。

54年後の1879年にベルリン工業博覧会で、世界初の電車が走った。直流150Vの電気機関車が18人の乗客を乗せた客車を牽引し、12km/hで走った。残された写真を見ると、運転士が機関車にまたがって乗り、ちょうど遊園地の子供用の鉄道のようである(図5-2)。

その後、1881年にベルリン郊外で、最初の路面電車が営業運転を開始した。

日本で電車がはじめて走ったのは1890年(明治23年)、上野公園で開かれた第三回内国勧業博覧会だった。5年後

図5-2 世界初の電車

の1895年（明治28年）に、電車の営業が京都市で開始され、その後、中京、京浜、京阪神地区で普及していく。

これらの電化は直流き電方式で、その電圧は当初の600Vから、輸送量の増大にともなって高くなっていき、1925年（大正14年）の横浜 - 国府津間の1500V電化などを契機に、1500Vが日本の直流き電方式の標準電圧となった。

戦後日本の経済復興が軌道に乗ってくると、鉄道の輸送量も増大していくことが予想され、電化が遅れていた東北、北陸、九州、北海道の電化方式として、建設コストの低減が期待される交流電化が検討された。そして1954年（昭和29年）からの東北の仙山線での各種試験を経て、1957年に仙山線仙台 - 作並間（50Hz）と北陸本線田村 - 敦賀間（60Hz）で交流き電方式の営業が開始された。これらの実績が、新幹線の交流き電方式につながっていく。

現在、JR在来線では東北、北陸、九州、北海道で交流2万Vき電、それ以外の地域で直流1500Vき電、新幹線では交流2万5000Vき電である。

直流き電の長所

最近まで電車のモータは直流が主流だった。直流き電方式では、送られてくる直流1500Vをそのまま使えるという長所があって、普及したのである。

直流き電では図5-3のように電気を送っている。

まず鉄道変電所で、送られてきた三相交流6万6000Vの電気を、変圧器と整流器で直流1500Vの電気にして、トロリ線に送っている。

しかし、トロリ線だけでは運転に必要な3000A近い電

第5章 架線とパンタグラフ

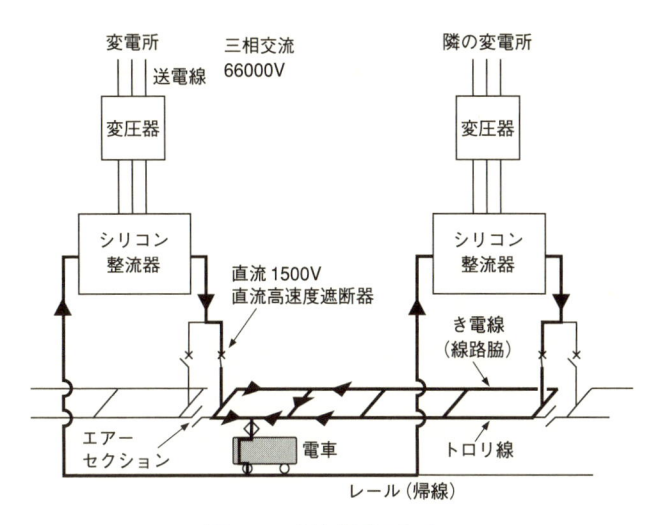

図5-3 直流き電のしくみ

流を流せない。そこで線路脇に平行してき電線を張り、トロリ線とき電線で電流を分担して流している。隣り合う二つの変電所から同時にき電されるので、事故や作業時に容易に切り替えられる。

電気は、回路が連続していなければ流れることができない。直流き電の場合は、トロリ線で車両に送られてきた電気は、レールを通って変電所に帰っていく。

直流き電の欠点

ただし、現在の電車のモータは第6章で述べるように交流モータが増えた。その場合には、トロリ線から車両に取り込んだ直流は車両側で交流に変換している。

電車のモータには、取り付けスペースから大きさの制限があり、かけられる電圧にも上限がある。車両側でき電電圧をモータ電圧まで下げることができるなら、き電電圧を上げることができるが、直流き電では車両側で自由に電圧を下げるのはむずかしい。したがって、直流き電では世界的に見ても3000V程度が限界である。

　そのため、直流き電では変電所間隔が短くなる。さらに三相交流から直流への変換設備は割高になる。

　このため直流き電は地上設備のコスト高が欠点になる。また、新幹線のような高速、高密度の大容量のき電が求められる場合には向かない。

交流き電の長所

　交流き電の場合は、鉄道変電所で例えば三相交流6万6000Vの電気を、二つの単相交流に変換して、方面別の二つの線区に流していく。

　交流では、電車側で変圧器により自由に電圧を下げられるので、**き電電圧**を電車のモータ電圧とは無関係に設定できる。そこで在来線が2万V、新幹線が2万5000Vとなっている。

　交流き電のもっとも大きな利点は、このように、き電電圧を高く、したがって電流を小さくできるので、電流の2乗に比例する電力損失や電圧降下が小さいことである。

　その結果、変電所を置く間隔を直流き電の数kmから、交流き電では新幹線で20〜60kmに、在来線で90〜110kmに長くすることができ、建設コストの低減が図られている。

第5章　架線とパンタグラフ

交流き電の欠点

しかし、交流き電には**通信誘導障害**という弱点がある。電流が変化するため、その誘導電圧によって他の通信線に雑音が生じるのである。

もっとも簡単な交流き電は、直流き電と同じくレールを電気の帰り道にする**直接き電方式**である（次ページ図5-4a）。電気は、往きはトロリ線を通り、モータを回した後は車輪からレールを通って変電所に戻っていく。

往路と帰路では電気の流れが逆なので、通信誘導障害は、両者が接近していると影響が打ち消し合って小さくなり、離れているほど大きくなる。残念ながらトロリ線とレールは離れており、さらに、レールから大地へ漏れだす電流が、通信線の信号に悪影響を与えやすい。

通信誘導障害が生じやすい直接き電方式は、多数の通信線が張り巡らされている日本では利用していない。ただし通信線が近くにない場合には、非常にシンプルなき電方式なので、海外では多用されている。

ＢＴき電方式

日本の在来線、東海道新幹線で用いられてきたのは、**ＢＴき電方式**（Boosting Transformer feeding system）で、**吸上変圧器（ＢＴ）**を数kmごとに置いている（図5-4b）。

電源から送り出された電気は、トロリ線を流れて吸上変圧器（ＢＴ）に達する。電気はいったんＢＴの１次巻線へ迂回してからトロリ線に戻る。その後、パンタグラフから

(a) 直接き電方式

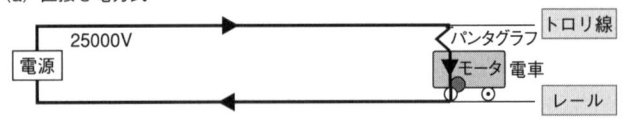

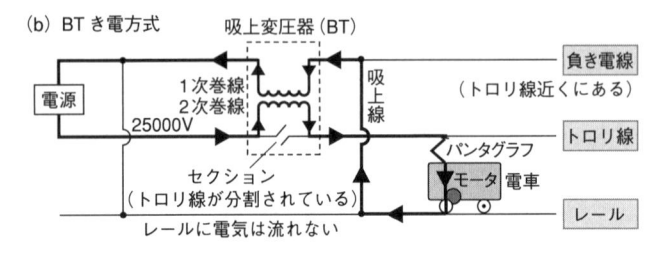

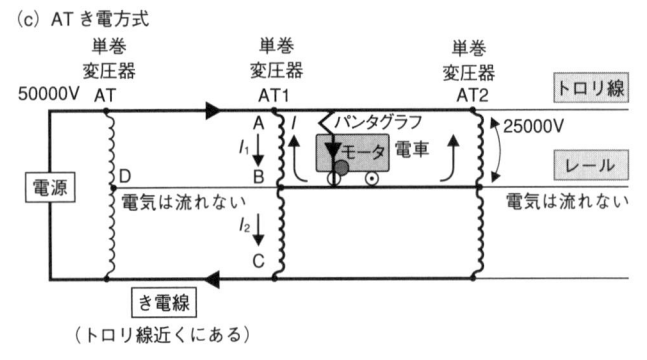

[図: 電源 25000V — トロリ線 — パンタグラフ — モータ 電車 — レール]

(b) BTき電方式

[図: 吸上変圧器(BT)、1次巻線・2次巻線、電源 25000V、セクション(トロリ線が分割されている)、吸上線、負き電線(トロリ線近くにある)、トロリ線、パンタグラフ、モータ 電車、レール、レールに電気は流れない]

(c) ATき電方式

[図: 単巻変圧器 AT 50000V、単巻変圧器 AT1、単巻変圧器 AT2、トロリ線 25000V、A、I_1、B、パンタグラフ、I、モータ 電車、レール、電源、D、電気は流れない、I_2、C、電気は流れない、き電線(トロリ線近くにある)]

図5-4 交流き電のしくみ

電車に入り、モータを回し、車輪からレールに流れる。

線路脇上部には、トロリ線と平行して**負き電線**が張られている。この負き電線は、吸上線によって、レールとBTの2次巻線に接続されている。

車輪からレールに流れた電気は、BTの1次巻線を流れ

る電気により生じる磁束変化で、吸上線を通じて2次巻線に吸い上げられ、負き電線を流れて電源に戻っていく。

トロリ線と負き電線は平行していて、流れの方向が逆なので、通信障害を小さくできる。しかしBTき電方式では、BTの1次巻線に電気を流すために、トロリ線が分割されている。このトロリ線の分割部分（**セクション**）が泣き所である。

電車がセクションを通過する際に**アーク（電気火花）**が発生し、トロリ線が損傷する。また、列車の複数のパンタグラフ間を高圧ケーブルで接続するという、騒音対策がとれない（122ページ参照）。セクションを通過するとき、パンタグラフ間の高圧ケーブルを通して、セクションをはさむ2区間をつなげてしまうためである。

ATき電方式によるトロリ線切れ目の解消

そこで開発されたのが**ATき電方式**（Auto-Transformer feeding system）である。1970年に鹿児島本線に、1972年に山陽新幹線に採用され、現在では在来線ならびに新幹線の標準き電方式になっている。

ATき電方式では、約10km間隔で**単巻変圧器（AT）**を設置し、巻き線の片端をトロリ線に、他端をき電線に、巻き線の中央をレールに接続している（図5-4c）。

モータを回した電気は、車両のいる区間の両端のAT（AT1、AT2）に流れる（I, I'）。するとAT1には、この電気で生じる磁界を打ち消す電流が流れる。トロリ線-レール間（AB）、レール-き電線間（BC）のATの巻き線数は等しいので、トロリ線-レール間に流れる電気

I_1 と、レール−き電線間に流れる電気 I_2 は等しくなる。すなわちＡＢを流れる電気は、車両のいない区間のレールＢＤには流れず、すべてＢＣに流れていく。ＡＴ２でも同じことで、電気は、車両のいる区間のレールにだけ流れ、車両のいない区間のレールには流れない。

き電線は、線路脇のトロリ線近くに張られているので、通信線に対する誘導電圧を相殺でき、通信誘導障害を軽減できる。

ＡＴ方式ではＢＴ方式のようなセクションがないので、列車のパンタグラフ数の削減や、パンタグラフ間の高圧ケーブルでの接続など、騒音軽減策も採れるようになった。

さらに、単巻変圧器を用いることで、トロリ線に流す２万5000Ｖの２倍の５万Ｖで鉄道変電所から送り出せる。その結果、送電による電力ロスや電圧降下が小さく、変電所間隔を広くすることもできる。

東海道新幹線では、1991年に全線がＡＴき電方式となった。これにより１編成２パンタグラフの「のぞみ」運転の、き電面での準備ができたわけである。

5-2 架線の工夫

架線とパンタグラフの役割

パンタグラフが接する**トロリ線**、トロリ線を吊る**吊架線**、トロリ線と吊架線をつなぐ**ハンガ**、これらすべてをひっくるめて**架線**といっている。

第5章 架線とパンタグラフ

　パンタグラフの役目は車両に電気を取り込む**集電**である。そのために、パンタグラフがトロリ線から離れてしまう**離線**を少なくすることが最重要課題となる。集電する際に、架線が切れる、パンタグラフが破損するなどの事故を起こさないことは当然の要求である。

　また、騒音が少ないことも非常に重要だが、これについては第9章で触れる。

　経済性の面からの要求もある。パンタグラフのすり板とトロリ線はこすれあって、すり減っていく。この摩耗をできるだけ減らし、取り替え周期を延ばすことが求められる。

架線の張り方

　トロリ線を直接張る方法は簡単で、工事費も安く、一部の路面電車で用いられている。しかし、たるみやすく、高速運転には向かない。そこで、吊架線を張り、そこからハンガでトロリ線を吊る吊架方式が広く用いられている。運転条件に応じた各種の方式がある（次ページ図5-5）。

　シンプル架線（a）がもっとも一般的な架線である。**ツインシンプル架線**（b）は、シンプル架線をダブルにしたもので、輸送量が多くトロリ線に流れる電流の大きい通勤線区で使われている場合がある。**コンパウンド架線**（c）は新幹線などで用いられている。吊架線からドロッパで補助吊架線を吊り、そこからハンガでトロリ線を吊る3段構成になっている。パンタグラフによるトロリ線の押し上げ量ができるだけ一定になるようにした架線である。

　新幹線の開業時はコンパウンド架線だったが、現在では、その張力を増した**ヘビーコンパウンド架線**が使われて

もっとも一般的に使用

(a) シンプル架線
支持点／径間／支持点／吊架線／ハンガ／トロリ線

輸送量の多い通勤線区で使用

(b) ツインシンプル架線

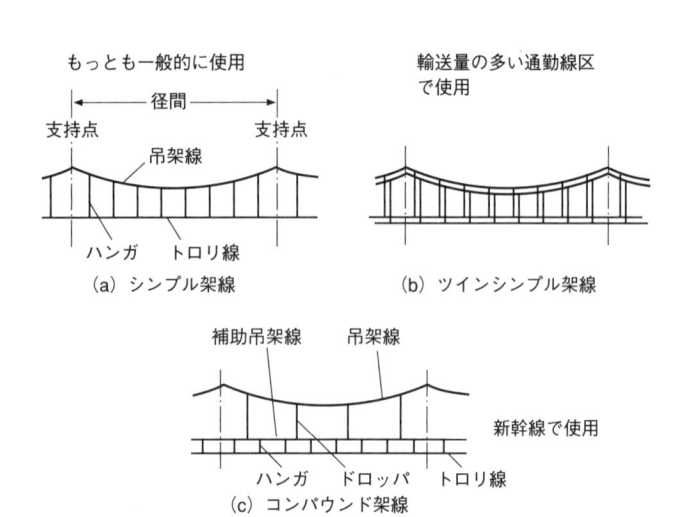

(c) コンパウンド架線
補助吊架線／吊架線／ハンガ／ドロッパ／トロリ線／新幹線で使用

図5-5 架線の方式

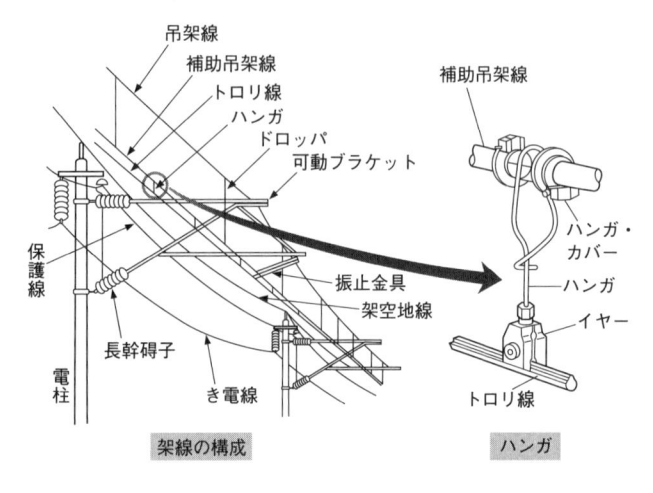

架線の構成
吊架線／補助吊架線／トロリ線／ハンガ／ドロッパ／可動ブラケット／保護線／長幹碍子／電柱／振止金具／架空地線／き電線

ハンガ
補助吊架線／ハンガ・カバー／ハンガ／イヤー／トロリ線

図5-6 新幹線の架線方式の一例

第5章　架線とパンタグラフ

いる。これは、後で述べる太い**硬銅トロリ線**（直径15.5mm）を用い、トロリ線張力を1.5t（14.7kN）に増してある。切れにくく風にも強い架線である。

　吊架線を張るには、電柱を用いる方法や、門型ビームを用いる方法などがある。新幹線では、電柱に碍子を介して取り付けた可動ブラケットから吊る方式が多い（図5-6）。このブラケットは、温度などによる架線の移動に追随できるよう、電柱取り付け点を支点として、前後に移動可能な構造になっている。

　ハンガがトロリ線をつかんで吊るように、トロリ線の断面は切り込みがある（110ページ図5-10参照）。

　架線の設計では風の影響も考慮しなければならない。強風で振動が大きくなり、架線がパンタグラフに衝突したり、パンタグラフの下に入り込んだりしないように考慮されている。新幹線では連続風速25m/sまで考慮して、柱の間隔は50〜60mを標準にしている。

　曲線では、トロリ線を曲線引き金具で引っ張り、トロリ線が線路中央から左右に大きくはずれないようにしている。また直線部分でも、中央に一直線にトロリ線を張る

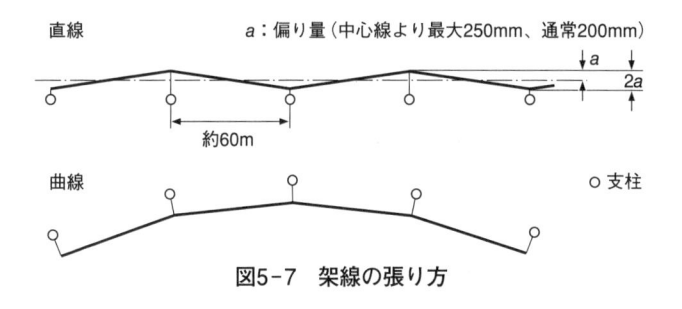

図5-7　架線の張り方

と、パンタグラフすり板の1ヵ所ばかりが接触して摩耗するので、ジグザグに張られている（前ページ図5-7）。

架線はずっとつながっているのか

架線は長さ約1.5kmを1単位としている。架線の末端部分は徐々に上、横方向にずれていき、張力を与える装置（**バランサ**）に接続されている。

バランサは、気温や負荷電流の変化によってトロリ線が伸縮しても、張力を一定に保ち、たるみや張りすぎをなくす装置である。**滑車式バランサ**と**スプリング式バランサ**が用いられている（図5-8）。

滑車式バランサは、重りを吊るすという簡単で確実な方法で、昔から広く採用されてきたが、最近は二重バネ構造のスプリング式の採用も増えてきた。

架線単位の末端区間では、次の架線が線路脇から降りてきて、役目を終えた架線と平行に隣り合う区間（**オーバーラップ区間**）がある。

また、交流電化の場合には、隣の変電所のき電区間との

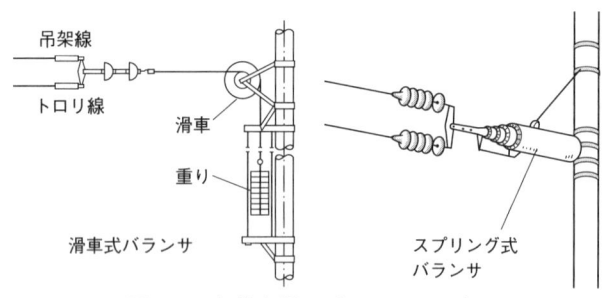

図5-8 架線を張るバランサのしくみ

第5章　架線とパンタグラフ

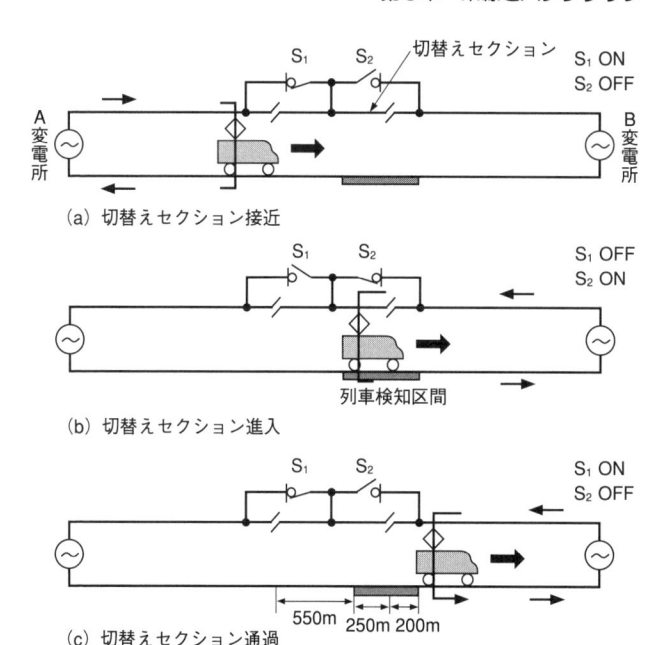

図5-9　新幹線の変電所境界（切り替えセクション）通過法

境界点などに、電圧が最大となる時刻が異なる（位相の異なる）両区間の電気をパンタグラフが通過する際に短絡しないような区間（**デッドセクション**）がある。

在来線ではこの区間は約20m（絶縁部は8m）で、モータへの電気を切って通過している。これに対して新幹線では、電気を切らずに通過できるように工夫した、約1kmの区間を設けている（図5-9）。

交流電化区間と直流電化区間の境界にもデッドセクションがある。オーバーラップ区間、デッドセクションなどの

架線の不連続点は、離線や摩耗が増大しやすい区間で、保守の要注意点である。

トロリ線の進化

架線のトロリ線・パンタグラフの**すり板**に要求される性質はどのようなものだろうか。

まず、電気を受け渡しするのだから、電気を通しやすい材料でなければならない。また、互いに接触し擦りあっているのでどうしても摩耗するが、その量が少ないことが望まれる。トロリ線を張り替えるより、すり板を替える方が経済的なことにも配慮して、トータルメンテナンスコストを少なくする必要がある。

さらに、機械的強度が十分なことが必要である。すり板はトロリ線から繰り返し受ける衝撃的な力に、トロリ線は張力に、十分耐えられなくてはならない。

トロリ線には、従来、純銅あるいは銅に少量のスズまたは銀を加えた材質が用いられてきた。

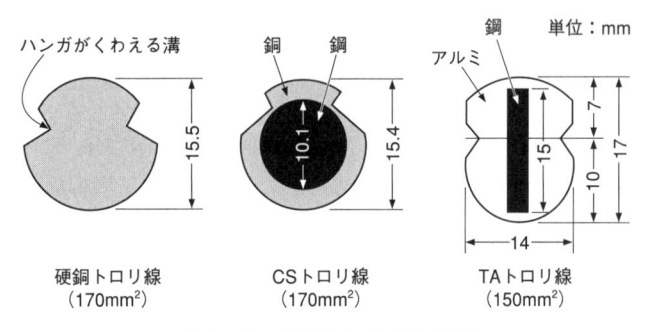

図5-10 各種トロリ線の断面

硬銅トロリ線（170mm²）

CSトロリ線（170mm²）

TAトロリ線（150mm²）

第5章　架線とパンタグラフ

さらに、大きい張力に耐え、波動伝播速度（120ページ参照）が速いトロリ線も開発されている。銅線の中心に鋼を入れた**CSトロリ線**、アルミ線の中に鋼を入れた**TAトロリ線**である（図5-10）。

5-3　パンタグラフのしくみ

パンタグラフの進化

トロリ線から電気を車両に取り込む装置（**集電装置**）の進化を見てみよう（図5-11）。

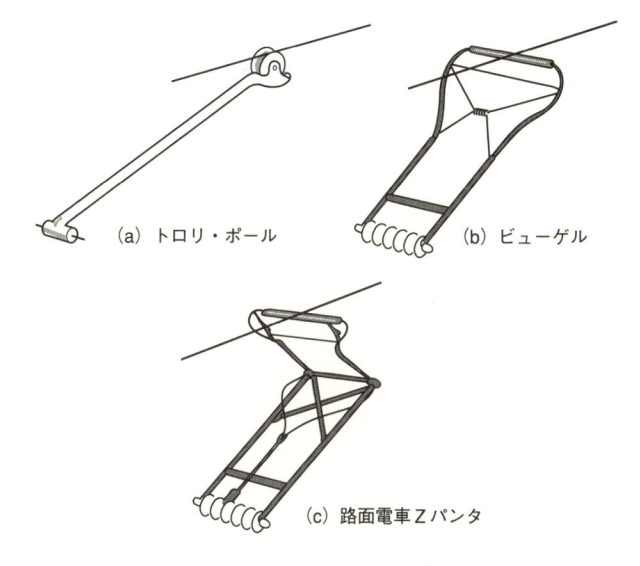

(a) トロリ・ポール

(b) ビューゲル

(c) 路面電車Zパンタ

図5-11　初期の集電装置

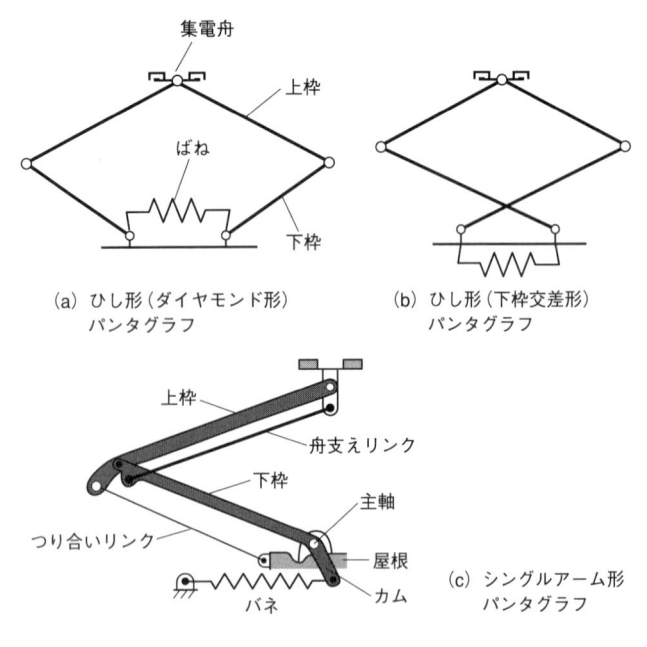

図5-12 パンタグラフ

(a) ひし形(ダイヤモンド形)パンタグラフ
(b) ひし形(下枠交差形)パンタグラフ
(c) シングルアーム形パンタグラフ

 初期の集電装置は棒の先に滑車の付いた**トロリ・ポール**(a) だったが、やがて**ビューゲル**(b) や**路面電車Zパンタ**(c) に変わっていった。最近はお目にかかる機会が少なくなったが、かつてはビューゲルの路面電車が各所に走っていた。

 しかしこれらは高速で大電流を集電するには不向きだったので、**パンタグラフ**(図5-12) が登場した。

 日本では、主に**ひし形パンタグラフ**が使われてきた。中でも**下枠交差形**(同図b) は、折り畳み状態の面積が小さ

く、屋根上に搭載機器の多い電気機関車などに使われている他、新幹線にも用いられていた。「く」の字状の**シングルアーム形**（同図c）は、主に外国に多かったが、最近では日本でもパンタグラフの主役となっている。

最近の、空気騒音を減らす新幹線用のパンタグラフについては、第9章で述べる。

いずれのパンタグラフも、バネでトロリ線を押し上げている。トロリ線に高低差があっても、集電舟（しゅうでんしゅう）をほぼ一定の力で押し上げられる構造になっている。

パンタグラフの押し上げ力は、5kg程度の比較的小さな力である。押し上げ力が大きすぎると、トロリ線の変位が大きくなり、かえって離線しやすくなる。

ちなみに東京では、たまに雪が降ると、積もった雪の重みでパンタグラフが下がってしまい、ダイヤが乱れたこともあった。雪国では、押し上げ力を大きめにするなどの対策がとられている。

各種のパンタグラフ

次ページ図5-13は、初期の新幹線で使われていたパンタグラフである。

枠組みは可動部分が軽くて、折り畳み状態の面積の小さな下枠交差形である。天井管には、トロリ線と接触するすり板が組み込まれた部材（集電舟）が、ゴムバネを介して接続されている。集電舟には、四角な断面のすり板が、前後2列取り付けられている。

分岐器（177ページ参照）通過時に、交差トロリ線がパンタグラフの下に入ってしまう可能性があるので、そのよ

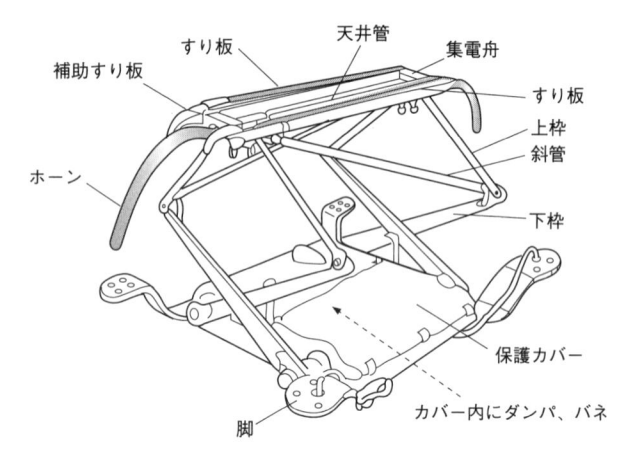

図5-13 初期の新幹線用パンタグラフ

うな場合でも、天井管の両端の下方向に曲げられているホーンが、交差トロリ線を持ち上げていく。

押し上げるバネや離線を防ぐダンパは保護カバーの中にあり、この図では見えない。

図5-14は最近の通勤電車で使われているシングルアーム形パンタグラフである。このタイプは占有面積が小さく、構成部材点数が少なく、軽量であることなどの長所から、多用され始めた。

その機構を112ページの図5-12cに示した。

下枠、上枠、釣り合いリンク、屋根が4節リンクを構成している。下枠下部の主軸にカムがあり、バネで引かれている。その結果、下枠は主軸を中心として上昇し、釣り合いリンクが上枠を引き上げる。舟支えリンクは集電舟を水

平にする機構で、押し上げ力には関係しない。

折り畳まれているパンタグラフは、空気溜めに蓄えた空気の力でロックをはずし、バネの力で上昇する。折り畳む際は、降下用の空気シリンダに空気を入れる。

図5-14　通勤電車のシングルアーム形パンタグラフ

すり板材質の進化

架線と擦れ合って電気を取り入れる**すり板**の材質は、戦前の純銅から、戦中・戦後はカーボン、さらにその後は銅系焼結合金、鉄系焼結合金へと進化していった。

純銅すり板は電気を通しやすい。しかしトロリ線も純銅だったため、同種の金属どうしで焼き付きを起こしやすく、トロリ線の摩耗もはげしかった。

つぎの**カーボンすり板**は、トロリ線の摩耗は少なかったが、戦後間もなくは架線の状態も悪く、すり板の異常な摩耗、破損、トロリ線の発熱・断線などに悩まされた。1951年には、トロリ線が切れて車両火災を起こし、死者約100名を出した**桜木町事故**も起きている。

この事故をきっかけに、カーボンすり板は金属に比べて電気抵抗が大きく、トロリ線が切れる原因になりやすいとして、国鉄では使われなくなった。代わって登場したのは、**銅系焼結合金すり板**である。

新幹線開業に際して、東京-新大阪間を取り替えなしに、最低でも8往復できるすり板が求められた。このために開発されたのが、摩耗に強い**鉄系焼結合金すり板**である。

　いったん溶かした後に固める溶融合金は、原材料の性質が変化してしまう。これに対して焼結合金なら、もとの性質を保つことができる。この特徴を使い、潤滑性をよくする固体潤滑剤や低融点金属、アーク（119ページ参照）に強く摩耗しにくい高融点硬質金属を添加しているのがポイントである。

　さらに、いったんは使いものにならないとされた**カーボンすり板**が、最近復活している。電気抵抗が大きい、機械的強度が低いという欠点は、金属を混合することで解決している。自己潤滑性があってトロリ線の摩耗が少なく、アークに強く、軽いというカーボン系の長所を活かしたすり板が、在来線区間で広く使われている。

　すり板の摩耗を減らすのに、潤滑性のある成分をすり板に含ませる以外に、外部から潤滑する方法もある。在来線では固形潤滑材をすり板間に設置する方法が広く使用され、効果をあげている。新幹線では速度が高く効果が小さいので使われていない。

5-4　集電の最大難問

大離線の克服

　昭和30年（1955年）代に入ると、新幹線建設に向け

第5章 架線とパンタグラフ

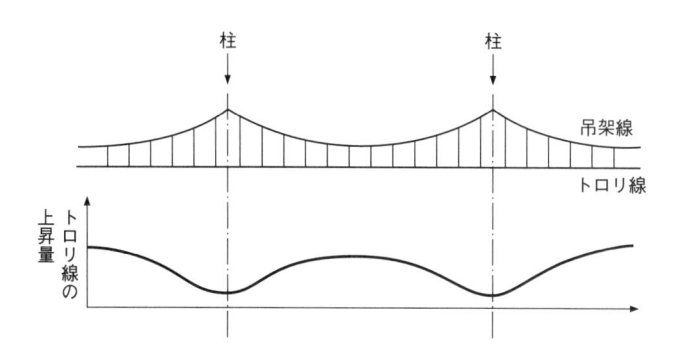

図5-15 パンタグラフによるトロリ線の押し上げ量

て、在来線でも速度向上がはかられた。そのとき、トロリ線を吊っている柱と同じ間隔で起こる0.1秒以上の離線が大きな問題になった。0.1秒はずいぶん短い時間のようだが、モータの運転に影響するのに十分な時間である。このような長時間の離線を**大離線**とよんでいる。

効率よく検討するには、本質的な要因だけをとりだし、できるだけ"登場人物"を少なくすることである。この問題では、パンタグラフの上昇を押し戻すバネの役割をするトロリ線と、パンタグラフの上下に動く部分との二つに絞られた。

バネとしてのトロリ線の硬さは、一定の力で押し上げていった場合の上昇量で知ることができる。上昇量は一定ではなく、架線を吊っている柱部分では小さく、柱の中間では大きくなる（図5-15）。

このように、バネの硬さが柱間隔で周期的に変化することが、パンタグラフ振動の原因である。ブランコをこぐと

き、立ったりしゃがんだりして重心の高さを周期的に変えることで、ブランコの振れを大きくしていくのと同じだ。

こうしたことを検討した結果、離線しにくくする方法が明らかになった。パンタグラフを軽くし、振動を止めるダンパを取り付ける。架線には、トロリ線の上昇量が小さく、かつ一定になる**コンパウンド架線**（106ページ図5-5参照）が採用された。

これらは新幹線パンタグラフの設計に反映され、小型軽量でダンパ付きのパンタグラフ（114ページ図5-13参照）が実用化された。新幹線では、架線のレール上の高さがほぼ一定にされているので、パンタグラフの追随範囲が小さくてすんだため、大幅な小型・軽量化が可能だったのである。

他の課題は、空気力による振動だった。

パンタグラフには、当たる空気によって上向きの力（揚力）が生じる。揚力特性は舟の断面形状によって変化する。新幹線のパンタグラフの開発でも、7種類のパンタグラフで風洞試験が行われた。

たとえば前後のすり板を一体カバーで覆ったタイプでは、60m/s（216km/h）くらいから振動を起こし、離線、着線を繰り返し危険な状態になった。これは、空気力による揚力が、舟の上下の振動を増大させてしまったからである。当然このタイプは採用されなかった。

こうした検討の結果で採用されたのは、210km/hで押し上げ力が約2kg増加し、風の向きにかかわらず揚力の変化の小さい舟断面形状をもつパンタグラフだった。こうして大離線問題が克服され、新幹線の運行が開始された。

第5章　架線とパンタグラフ

火花を減らせ

　営業運転を開始した新幹線だったが、走り始めると新たな課題がでてきた。

　昔、新幹線が**電気火花（アーク）**を光らせながら走っているのを見た方もいるだろう。これは離線時間が数ミリ秒以下の中小の離線による。

　中小離線は運転の障害にはならない。しかし、パンタグラフのすり板やトロリ線を摩耗させ、電波障害や騒音の原因になった。

　中小離線の主な原因は、トロリ線の接触面の凹凸（**波状摩耗**）による振動と、5mのハンガ間隔による振動だった。その他に、トロリ線の巻き癖による振動、曲線引き金具・コネクター取り付け点が、他の箇所より硬いことによる振動も原因となっている（次ページ図5-16）。

　新幹線のトロリ線の典型的な波状摩耗は、波長約20cm、最大くぼみ約0.5mm程度である。波状摩耗はトロリ線・パンタグラフ系だけでなく、レール・車輪系をはじめ他の分野でも多く経験されている。

　発生メカニズムは単一ではないが、スキー場のゲレンデ急斜面でコブができるのに似ている。何らかの拍子で小さなコブができると、つぎに滑るスキーヤーは、コブの凸凹波長に動きを合わせて滑る。その結果、こぶの周囲は削られてコブは成長していく。波状摩耗も、いったんごく小さな摩耗ができると、擦れあううちに成長していく。

　新幹線の波状摩耗では、前後のすり板の間隔、およびその半分の波長の摩耗が成長していく。これは、前後すり板

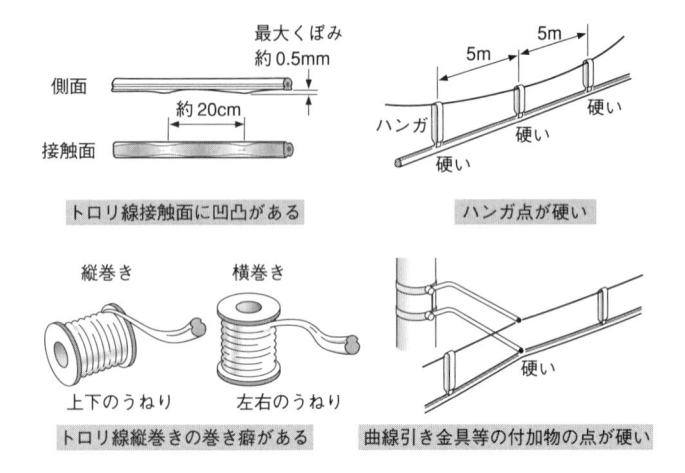

図中ラベル:
- 側面 / 接触面 / 約20cm / 最大くぼみ 約0.5mm
- **トロリ線接触面に凹凸がある**
- 5m / 5m / ハンガ / 硬い / 硬い / 硬い
- **ハンガ点が硬い**
- 縦巻き / 横巻き / 上下のうねり / 左右のうねり
- **トロリ線縦巻きの巻き癖がある**
- 硬い
- **曲線引き金具等の付加物の点が硬い**

図5-16 中小離線を起こす原因

の2点でトロリ線に接触していることによる、波動の干渉で生じる。したがって、一点接触では波状摩耗は起こらない。

対策としては、すり板幅を25mmから40mmに変えて接触幅を増やし、2点接触状態から分布接触状態にすることが有効である。

トロリ線はドラムに巻かれて設置場所に運ばれる。ドラムからほどいていっても、トロリ線には、その**巻き癖**が残っている。従来の縦巻きでは上下のうねりが残り、振動源になる。そこでこれを横巻きにすると、巻き癖は左右のうねりとなるので、上下の振動源にはなりにくい。

このようなさまざまな工夫で、離線を大幅に減らすことができたのである。

第5章　架線とパンタグラフ

トロリ線を伝わっていく波

　ピンと張ったロープの一端を上下に動かすと、ロープの変形部分が波として他端へ伝わっていく。同じようにトロリ線にも波が伝わっていく。

　波が伝わる速度（**波動伝播速度**）は、トロリ線の張力が増せば、またトロリ線が軽くなれば速くなる。

　列車の速度が波動伝播速度と同じになると、波は前方には伝わらなくなり、前方のトロリ線は静止して、後方のトロリ線は大きく変形する。その結果、境界のトロリ線では大きな曲がりが発生して破壊にいたる。

　このような極限的な状態にならなくても、列車速度が波動伝播速度の80%を超えると、離線が急に増えてくる。そこで軽量のトロリ線に高い張力をかけて波動伝播速度を増すことにより、波動伝播速度が列車速度より30%程度速くなるようにしている。逆に見ると、列車速度を波動伝播速度の80%以下にするということである。

　現在の新幹線のトロリ線の波動伝播速度を見ると、山陽新幹線では410km/h、長野新幹線では520km/hである。波動伝播速度に対する列車速度比は、列車速度を300km/hとすると、それぞれ0.73、0.58で、現状の速度ではまだ余裕がある。

　長野新幹線の波動伝播速度が高いのは、技術の進歩で大きな張力をかけることのできるトロリ線が開発されたことにより、山陽新幹線のヘビーコンパウンド架線より軽量の、**高速用シンプル架線**が用いられているからである。

パンタグラフの数を減らす

　新幹線列車は、すべての車軸にモータが付く完全動力分散の電車列車として開業した。16両編成で2両が1ユニット。パンタグラフはそれぞれのユニットに1個、1編成で8個あった（図5-17 a）。

　1列車に多数のパンタグラフがあると、先頭のパンタグラフの通過で生じたトロリ線の振動が、つぎのパンタグラフでさらに大きくなる。後ろのパンタグラフほど離線が大きくなり、ついには大離線になることがある。

　子供が乗ったブランコを、お母さんが押しているとき、ブランコの周期と押す周期が合っていると、ブランコの揺

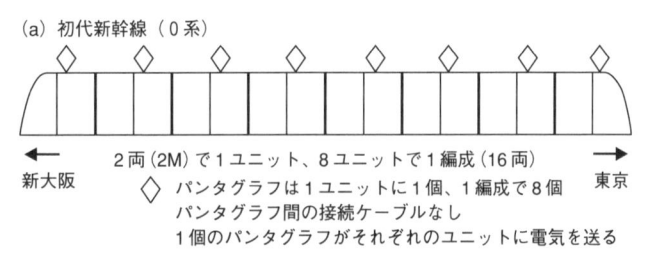

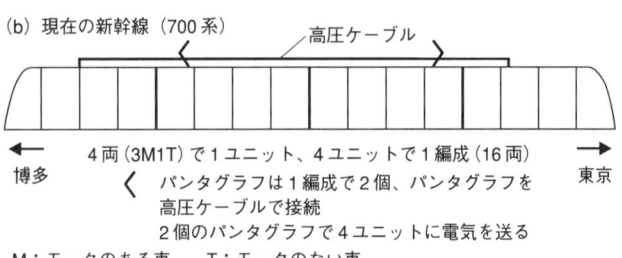

(a) 初代新幹線（0系）

← 新大阪　　　　　　　　　　　　　　　　　　　　　東京 →

2両（2M）で1ユニット、8ユニットで1編成（16両）
◇ パンタグラフは1ユニットに1個、1編成で8個
パンタグラフ間の接続ケーブルなし
1個のパンタグラフがそれぞれのユニットに電気を送る

(b) 現在の新幹線（700系）　　　　　高圧ケーブル

← 博多　　　　　　　　　　　　　　　　　　　　　東京 →

4両（3M1T）で1ユニット、4ユニットで1編成（16両）
く パンタグラフは1編成で2個、パンタグラフを高圧ケーブルで接続
2個のパンタグラフで4ユニットに電気を送る

M：モータのある車　　T：モータのない車

図5-17　新幹線のパンタグラフの数

れはどんどん大きくなるのと同じである。ブランコを揺らさないようにするには、押す回数を減らせばよい。すなわちパンタグラフの数を減らすことである。

振動問題だけからみれば、パンタグラフを1編成で1個にするのがもっともよい。ただし、これには二つの問題がある。

一つは集電容量の問題である。新幹線の1編成の最大集電量は1000A程度だが、1個のパンタグラフでこれだけ集電すると、アークによるすり板の摩耗が大きくなる。

二つ目は、波状摩耗などによる離線が生じた場合に、パンタグラフが1個では、電流が途切れてアークが生じる。その場合、2個以上のパンタグラフ間を高圧ケーブルでつないでおけば、同時にすべてのパンタグラフが離線を起こさない限り電流は切断されないから、アークが生じず、摩耗を減らせる。

結局、1編成2個のパンタグラフを高圧ケーブルで接続する方式が望ましいことになる。

300系新幹線「のぞみ」で、高圧ケーブルで接続された2個パンタグラフが実現し、その後の新幹線ではこの方式が踏襲されている（図5-17b）。

104ページで触れたが、これは東海道新幹線のBTき電からATき電への改造工事が終了したために可能になったことである。

架線の定期健康診断

東海道新幹線では、**ドクターイエロー**とよばれる黄色い車体の電気軌道総合試験車により、軌道の歪み、トロリ線

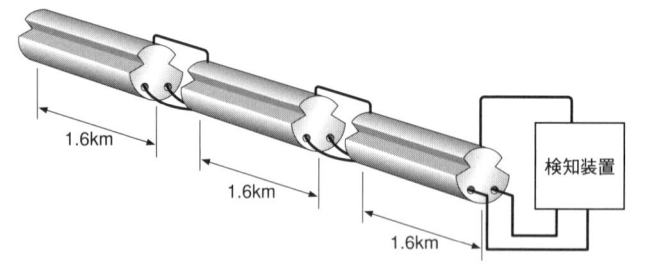

図5-18 警報トロリ線

の摩耗・高さ・左右偏位などの測定が10日に1度行われている。

トロリ線の摩耗は、パンタグラフのすり板と当たる平らな面の幅で判定する。レーザ光線で測定され、それがトロリ線の直径に換算される。最初に15.5mmある直径が10.5mm程度になると取り替えられている。

急速に進む局所的な摩耗の検出には、**警報トロリ線**を使った警報システムも取り入れられている。

警報トロリ線には、検知線が2本埋め込まれている（図5-18）。トロリ線が摩耗していくと、やがて検知線の被覆が破れ、検知線がトロリ線と接触したり断線したりする。この状況を検知線につながれた検知装置で表示する。

これによって、検知装置間隔の約5kmの範囲にまで、摩耗箇所をしぼりこむことができる。

第6章

電車を動かすしくみ

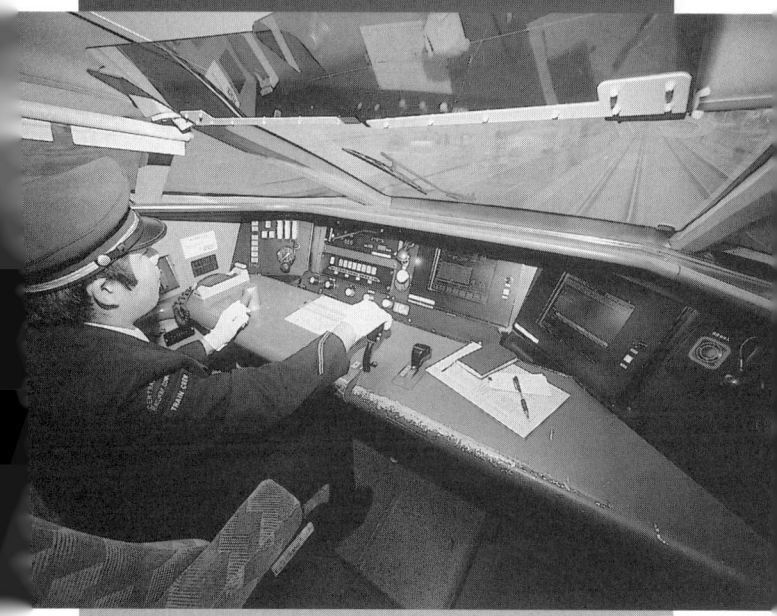

新幹線700系車両の運転席(写真提供/JR東海)

6-1 走行抵抗

モータのパワーを増しても速く走れない

　車両には、空気抵抗など進行を妨げる力（**走行抵抗**）が働いているから、モータは走行抵抗より大きな力（**駆動力**）を出さなければ走れない。走行抵抗は速度とともに大きくなる。そこでモータ駆動力としては、計画最高速度のときの走行抵抗＋加速余裕分がなければならない。

　加速余裕とは、最高速度でどれくらい余力を残しているかの値である。加速余裕がゼロだと、最高速度に近づくにつれて加速度がどんどん落ちてきて、なかなか最高速度に達することができない。

　車両を加速していくためには、モータの出力を上げていけばいいように思える。加速余裕がたっぷりある超大型モータを取り付けたらよさそうだ。

　ところが、ことはそう単純ではない。100m走のオリンピック選手が、氷の上で普通の靴をはいて、前からの強力扇風機の風を受けた状態で走ったらどうなるだろう。どんなに脚力が強くても、ツルツルの氷がそのキック力を受け止めてくれず、思うように走れないだろう。氷と靴の摩擦力が、キック力を受け止められなくては走れない。

　車輪でも、その駆動力を受け止めてくれる摩擦力が重要なのである。車輪とレール間の前後方向の摩擦力のことを、鉄道では**粘着力**とよんでいる。

　つまりモータ駆動力は粘着力と同じであればよく、それ

第6章 電車を動かすしくみ

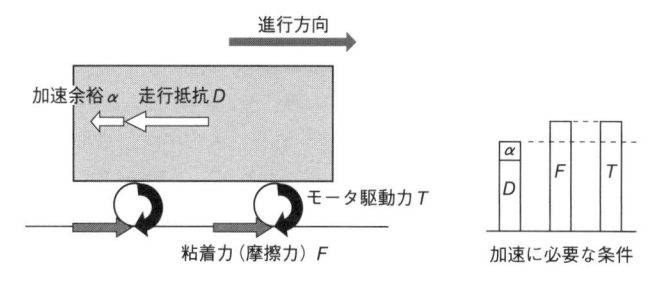

図6-1 加速の3要素

以上大きくしても無駄である。その粘着力は走行抵抗＋加速余裕より大きくなければならない（図6-1）。

では加速にかかわる3つの力、走行抵抗、粘着力、モータ駆動力を、少し詳しく見ていこう。

長い中間部の抵抗

新幹線の営業最高速度がどこまで可能かは、高速での走行抵抗がどこまで低減できるかにも大きく依存している。走行抵抗の低減は、第9章で述べる車外騒音の低減にも効果がある。

走行抵抗にはまず、軸受け、歯車、車輪などの**転がり抵抗（機械抵抗）**がある。さらに高速走行では、速度の2乗で増加する**空気抵抗**の割合が増えてくる。新幹線700系が300km/hで走るとき、空気抵抗は機械抵抗の約2倍にもなる。そこでまず、高速での影響が大きい空気抵抗について見ていこう。

自動車や航空機、船など電車以外の乗り物には前後があって、進行方向が決まっているが、電車は、終点駅で今ま

での最後尾車両が先頭車両になって折り返し運転される。空気力学的には、先頭車両として最適な形状と、最後尾車両として最適な形状とは異なるが、妥協して前後対称形になっている。先端車両の形状については第9章で述べる。

　もう一つ、他の乗り物にはない電車だけの特徴に、先頭と後尾の間にかなり長い中間部があることがあげられる。

　中間部分がない自動車では、空気の流れによる圧力変化から生じる**圧力抵抗**だけが全走行抵抗になる。これに対して鉄道では、中間部の車体表面と空気との間に**摩擦抵抗**が生じ、全走行抵抗は、先頭・後尾の圧力抵抗と、この摩擦抵抗の和となる。

　中間部の摩擦抵抗が占める割合は大きい。長さ400mの新幹線の場合、走行抵抗の割合は、中間部の摩擦抵抗が90%程度を占めるのに対して、先頭・後尾の圧力抵抗は各5%程度である。しかしこれを長さ当たりで見ると、両端部はわずか約18m（全長の約4.5%）で全抵抗の10%を占めるから、無視できない。

　先頭・後尾の圧力抵抗による空気抵抗は、**先頭形状**に大きく影響され、車体の断面積に比例する。また中間部の摩擦抵抗は、表面積に比例し、車体表面の凹凸が少ないほど小さくなる。

新幹線の走行抵抗はこんなに減った

　先頭車両の空気抵抗対策は、先端部の形状をよりスムーズにする、先端部床下にカバーを取り付ける、などである。

　中間車両の摩擦抵抗対策は、屋根上、床下を平滑にする、車両のつなぎ目をできるだけ連続的にする、車体床下

第6章 電車を動かすしくみ

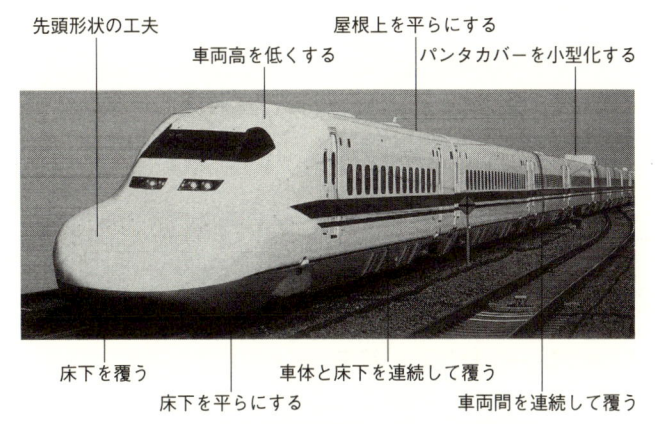

先頭形状の工夫
車両高を低くする
屋根上を平らにする
パンタカバーを小型化する

床下を覆う
床下を平らにする
車体と床下を連続して覆う
車両間を連続して覆う

図6-2　700系新幹線の走行抵抗低減策

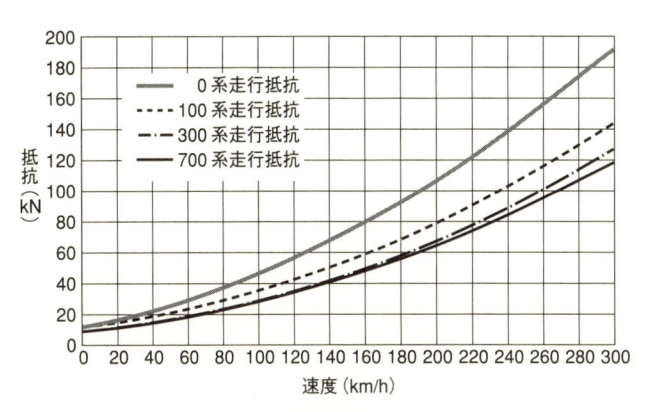

図6-3　新旧新幹線の走行抵抗

形状を車体と連続した覆いで構成する、パンタグラフのカバーを小型化する、などが実施された。

また、屋根上にあった空調装置を床下に移設すること

で、車両の高さを低くしたことも走行抵抗低減に寄与している（前ページ図6-2）。

こうして、新幹線の時速200kmでの全走行抵抗は、700系では0系の約62%まで減少している（図6-3）。

6-2 粘着力

車輪がレールを滑る、蹴る

第1章で述べたように、鉄道は、金属製で表面が滑らかなレールを、やはり金属製で滑らかな表面の車輪で蹴りながら走るから、滑るという宿命から逃れることはできない。ところがじつは、鉄道はレールの上を車輪が滑るからこそ進めるのである。それはなぜかを見てみよう。

図6-4のグラフ縦軸は粘着力を示す。横軸は、車輪の円周速度から進行速度を引いた**滑り速度**である。

グラフの右半分では、粘着力がプラスで進行方向への力となっている。円周速度は進行速度より大きく、滑り速度がプラスとなる。車輪は回転した分だけは進めず、少し空転していることになる。

滑り速度が小さいときには、粘着力は滑り速度に比例して増大していくが、最大粘着力となった後は、減少していく。最大粘着力を、停止時に車輪がレールに押し付けられている上下荷重で割った値を、**粘着係数**とよんでいる。滑り速度を進行速度で割った値を**滑り率**という。

粘着力が最大となる滑り速度は非常に小さく、滑り率で

第6章 電車を動かすしくみ

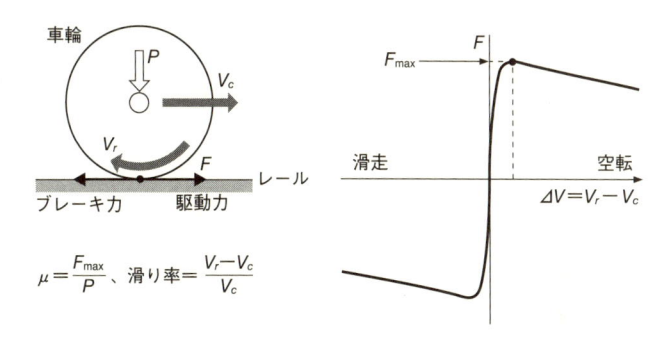

$$\mu = \frac{F_{max}}{P}、滑り率 = \frac{V_r - V_c}{V_c}$$

μ：粘着係数、　F：粘着力
V_r：円周速度、　F_{max}：最大粘着力
V_c：進行速度、　P：上下荷重
ΔV：滑り速度

図6-4　粘着力と滑り速度の関係

1%以下である。300km/hで走る場合には、車輪を円周速度が302km/h程度になる回転数で回せば、最大の粘着力が得られることになる。それより速く回すと空転が激しくなり、粘着力は減少し、モータのエネルギーは空転のほうに多く費やされてしまう。

グラフの左半分はブレーキをかけた状態で、粘着力がマイナスになっている。円周速度が進行速度より小さく、滑り速度がマイナスとなる。車輪は回転した以上に進んでいるので、滑走していることになる。

図の左端は、強くブレーキをかけて車輪の回転が完全に止まる固着状態を示し、車輪は回転せずに滑っていく。

滑り速度がゼロのとき、粘着力はゼロである。粘着力がゼロでは車両は進めない。逆にいうと、車輪とレール間の粘着力は、車輪とレール間の「滑り」があってはじめて生

じる。「滑り」がなくては、走ることも止まることもできない。鉄道は、いかに適切に「車輪を滑らせるか」に苦労しているといえる。

粘着力が減るとき

　図6-5の●○は、新幹線でレールがぬれている状態での、粘着力（粘着係数）と列車速度の関係の実測値を示したものである。速度の増加とともに粘着係数は減少していく。

　粘着係数には、水と、車輪とレール表面粗さが大きな役割をしている。二つの物体間の接触をミクロに見ると、凸部どうしが接触していて、そこに水が入り込んでいる。速度が増すと水膜の厚さが増し、凸部どうしの接触が減り、**真の接触面積**を減少させるために粘着係数が低下する、と解釈されている（図6-6）。

　このような粘着係数を下げる水の影響は、先頭車輪でもっとも大きく、後の車輪ほど小さくなるので、先頭の車輪の粘着係数は低く、後続の車輪の粘着係数は高い。

　在来線では、レール上の落ち葉、油、踏切での自動車のタイヤゴムの付着などが粘着係数を下げている。新幹線でも、ほこりなどによるレールの汚れが粘着係数を下げる。先頭車輪は汚れて滑りやすいレールに真っ先に入っていく。たくさんの車輪が通過することでレールの表面の汚れがとれていく。

　こうしたことも、粘着係数が先頭の車輪は低く、後続の車輪ほど高くなる理由である。

　図6-5の実線は、ブレーキシステムを設計する際に用

第6章　電車を動かすしくみ

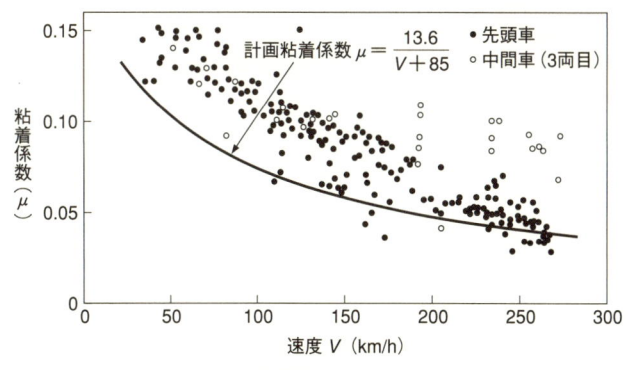

図6-5　粘着係数と列車速度の関係

計画粘着係数 $\mu = \dfrac{13.6}{V+85}$

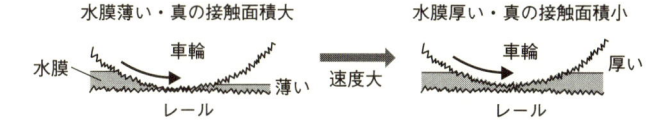

● 先頭車
○ 中間車（3両目）

図6-6　高速になると車輪とレールの接触面積が減少する

いられている**計画粘着係数**である。条件の悪い雨天時の先頭車輪においても空転、滑走が起こらないよう、実測データのほぼ下限を結んだ線が用いられている。

粘着力を増す工夫

粘着力を増すために、新幹線車両ではすべての車両で、砥石のような**増粘着研磨子**を車輪の表面に押し付け、微小な粗い突起を付ける方法が常用されている。

また、高速域での粘着力を増すため、セラミックスを噴

射する現代版砂まきも用いられている。粒径0.3mmの**セラミックス粒子**を毎分30g程度、高速ノズルで車輪接触直前のレール上に噴射する。これによって粘着係数は、噴射のない場合のほぼ2倍にできた。空転・滑走に連動して、先頭軸だけにまけばよく、経費もかからない。

空転が起きた場合は、速やかに空転を止める**空転再粘着制御**を行う。

そのポイントは、まずできるだけ早く空転を検出することである。空転すると車輪の回転数が増加する。そこで、一つの制御系内の輪軸の中で、もっとも回転数の低い軸を基準として、各軸との回転数差を調べることで空転を検出する。空転を検知したら、一時的にモータ駆動力を減らし、すばやく再粘着させることで、トータルの粘着力を増すことができる。

駆動システムやブレーキシステムを設計する際に用いられている計画粘着係数として、前述のように、もっとも滑りやすい先頭車輪の値が用いられてきた。このことは、先頭軸より粘着係数の高い後続の車輪は、持てる力を十分に発揮していなかったことになる。

そこで新幹線では、各車輪の持てる力に応じて、先頭車輪は少なめの粘着力を、後続車輪は多めの粘着力を負担させるような制御を行うことで、列車としての総粘着力を増すようになった。

新幹線の最高速度はどこまで可能か

鉄道で最高速度は、走行抵抗をどこまで小さくできるか、粘着力をどこまで大きくできるかで決まる。

第6章　電車を動かすしくみ

走行抵抗については、ＪＲ東日本の高速試験車STAR21のデータを参考にしてみよう。

STAR21は1993年12月に、日本で初めて400km/hの壁を破り425km/hを記録した。編成長は16両編成新幹線の半分の200m。列車重量280t、中間部分が短いため摩擦抵抗が小さく、走行抵抗は300km/hで約50kNだった。この走行抵抗は700系の編成長を200mに縮めた場合の値にほぼ相当し、700系の約40％程度に相当する。

セラミックス粒子の使用、編成列車としての駆動制御などの改良で、高い速度での粘着係数は、133ページ図6-5で示した計画粘着係数の2倍程度を確保できると考えられる。すると300km/hで改善粘着係数0.07（改善粘着力192kN）となる。

加速余裕を毎秒0.5km/hとすると、図6-7に示すように走行抵抗＋加速余裕の線と粘着力の線が交わる時速

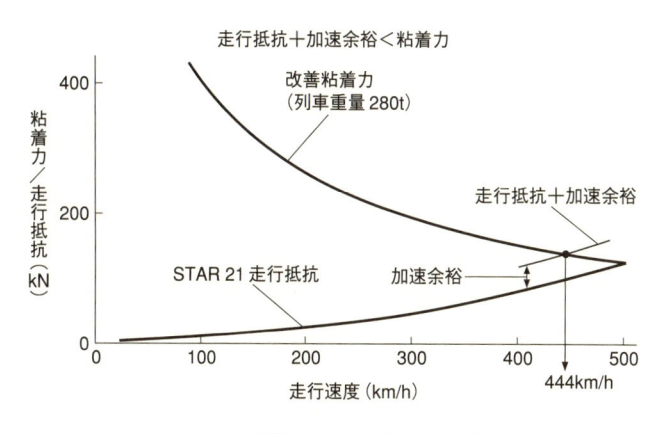

図6-7　新幹線の限界速度をさぐる

444kmが限界速度となる。余裕を見ると400km/hあたりが、現在の技術レベルでの営業運転の限界速度だろう。

現在、ＪＲ東日本では、360km/hの営業運転を目指す試験列車FASTECH360Sが試験走行を行っている（18ページ写真参照）。

6-3 モータ

鉄道モータの過酷な使われ方

鉄道車両のモータ制御には、一般に使われるモータ制御にはない特別な面がいくつかある。

一番大きな特徴は、車輪－レール間の粘着力以上の力で回しても空回り（空転）するだけという点である。刻々と変わる粘着力に応じ、空転させない範囲で、運行上要求される適切な力が出るように制御しなければならない。

また電源の電圧変動が大きい。新幹線では標準の２万5000Vから、一時的には最大で上は３万2000V、下は２万Vまで下がることも許容している。変電所間の境であるデッドセクション（108ページ参照）通過のときなど、瞬間的な停電も頻繁に起こる。

さらに、屋内で用いられるモータとは異なり、鉄道のモータは振動、ほこり、大きな温度や湿度変化にさらされる、など使用環境がよくない。このような悪条件のもとでの適切な性能発揮が要求されるのである。

第6章 電車を動かすしくみ

直流モータの長所と短所

モータには、直流モータと交流モータがある。

直流モータは、自動車のワイパーやミラー等々、身近なところで多く使われている。その原理は、磁石による磁界の中に電線を置き、電流を流すと電線に生じる力（**フレミングの左手の法則**）を利用する（図6-8）。

回転するロータの一辺A－Bは、S極の前にきたりN極の前にきたりする。電流の向きが同じだと、N極の前にきたときとS極の前にきたときとでは、互いに逆回転するような力が働いてしまう。これを解消するのが**整流子**と**ブラ**

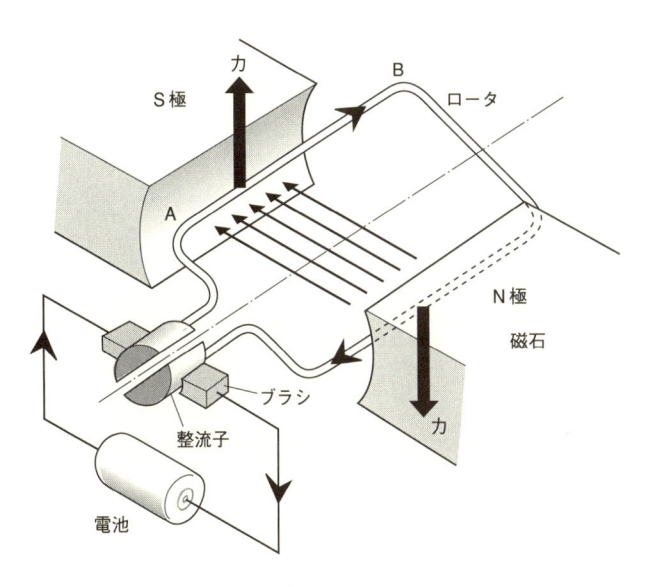

図6-8　直流モータの原理

シで、ロータの位置によって電流の向きが変化する非常に巧妙なしくみである。しかし、摩擦・摩耗によりすり減るなど保守上の弱点になる部分である。

鉄道用モータは、最近まで一貫して直流モータが用いられてきた。直流き電では、トロリ線から取り込んだ電気をそのまま使える。スタートの低速時に必要な大きな力を出せ、高速になると自然に力が小さくなる。さらに簡単に広範な速度制御が行えるなど、鉄道用のモータとして優れているからである。

しかし、直流モータは構造が複雑で、整流子・ブラシの保守に多くの人手がかかり、小型・軽量化や大出力化がむずかしいなどの問題がある。そこで登場してきたのが交流モータである。

交流モータのしくみと長所

交流モータにもいろいろなタイプがあるが、日本では半導体の進歩にともない誘導モータ(インダクションモータ)に照準を合わせていた。誘導モータの原理を図6-9に示す。

銅の円盤をU形永久磁石の隙間に入れる。磁石を銅板に触れずに回すと、銅板も同方向

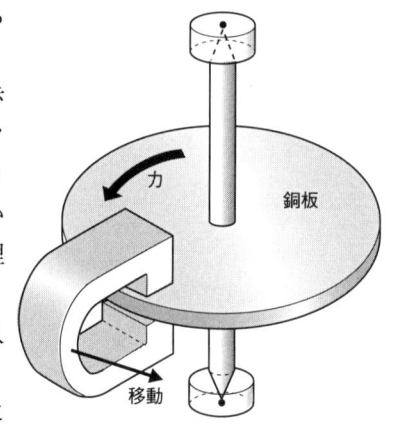

図6-9 交流誘導モータの原理

第6章 電車を動かすしくみ

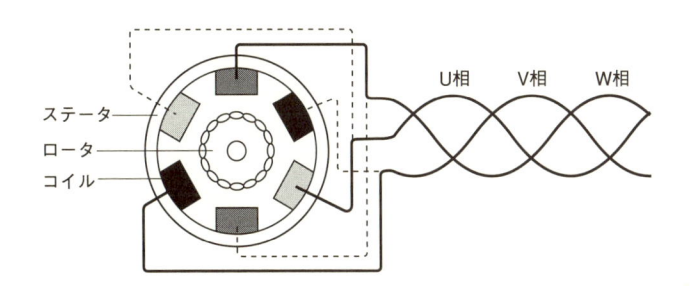

図6-10 三相交流誘導モータの原理（2極モータの場合）

に回る。磁石の動きで銅板に誘動される渦電流と、磁石の磁界とにより回転力が生じるのである。

実際の**交流誘導モータ**は、磁石を回す代わりに、三相交流による回転磁界を用いる。筒状のステータの内側に、120°ごとに固定コイルを配置し、コイルのそれぞれを三相交流のU、V、W相（96ページ図5-1b参照）につなぐ。ここに交流電流が流れると、順番に電流が最大になっていくので、磁石を回転したのと同じ効果になる（図6-10）。

ステータには、銅板に替わるロータが差し込まれている。ロータは、はしご状導線を丸めた導体リングで、薄い円盤状の鉄板を何枚も重ねた積層鉄板が入っている（次ページ図6-11）。**ステータコイル**に電気を流すと、**ロータ**のはしご状導線に誘導電流が生じて回る。

交流モータは、直流モータの整流子・ブラシのような摩擦部分がなく、小型で丈夫で保守が容易である。

次ページ図6-12で100系新幹線の直流モータ（定格出力230kW、重さ800kg）と、300系新幹線の交流誘導モ

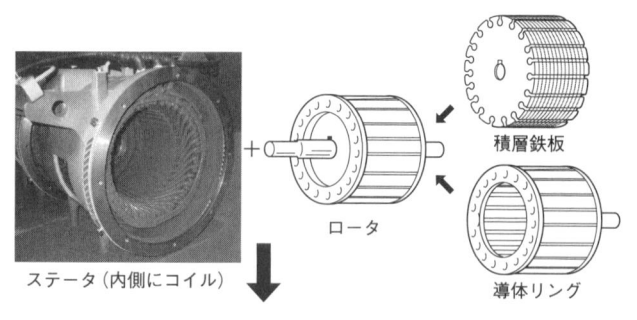

ステータ（内側にコイル） + ロータ ← 積層鉄板 / 導体リング

図6-11 交流誘導モータの構造

(a) 直流モータ　　(b) 交流誘導モータ

図6-12 新幹線のモータの進化

ータ（300kW、375kg）を示す。交流モータは、出力が大きくなったにもかかわらず、重さは半分以下、大きさもかなり小さくなっている。

2000ccクラスの自動車エンジンの最大出力は110kW（150PS）程度だから、300系モータ1個で自動車約3台分ということになる。いかに小型軽量で力持ちかがわかる。

6-4　速度制御

電車の速度を変える

交流誘導モータの速度制御について見てみよう。

138ページ図6-9で示したように、誘導モータは銅板（ロータ）が磁石に引かれて回転する。交流誘導モータでは、磁石を動かす代わりに、ステータのコイルに順番に交流電流を流す。したがって、交流の周波数が磁石を動かす速度、すなわちモータの回転速度になる。

つまり電車の速度の制御は、電源の交流周波数を変えればよい。加速するには、モータの電源周波数をロータの回転数より少し大きめにして先導する。ブレーキをかけるときには、逆にロータの回転数より電源周波数を少し小さめにして、ロータを後ろから引っ張るようにする。

モータを回す駆動力は、電源電圧や**滑り周波数**（モータ電源の周波数とモータロータの回転数の差）を増せば増加し、電源の周波数を増せば逆に減少する。

ただし、滑り周波数を大きくしすぎると、ロータがつい

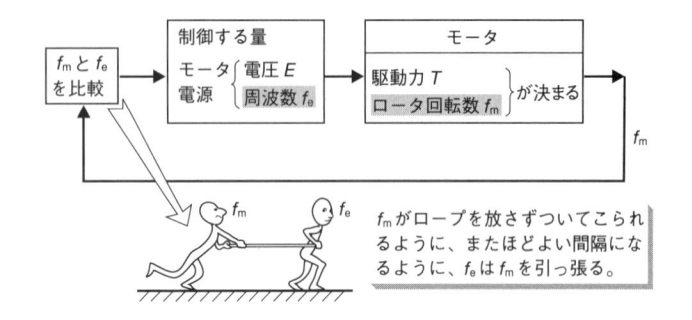

図6-13 交流誘導モータの制御の原理

て来られなくて、うまく制御できなくなる。ロータの回転数を見ながら、ほどよく滑らせる（図6-13）。

131ページで、「車輪とレール間の粘着力は、車輪とレール間の滑りがあってはじめて生じる」と述べたが、交流誘導モータの場合もまったく同じで「モータの駆動力は、電源の周波数とモータの回転数の差（**滑り周波数**）があってはじめて生じる」といえる。

鉄道車両の駆動力は、この二つの滑りが関係しているのである。

インバータとは何か

電車の速度制御は、交流の周波数を変えて行うと述べた。そこで、もちろん直流き電の場合は、電車側で任意の周波数の交流に変換しなければならない。また交流き電でも、いったん直流にしなければ、任意の周波数の交流に変えられない。

直流から交流へ変えるのが**インバータ**、交流を直流に変

第6章　電車を動かすしくみ

えるのが**コンバータ**である。

コンバートは「変える、転換する」、インバートは「逆にする、反対にする」という意味の英語である。もともとは、交流（AC）を直流（DC）に変換する装置を**AC-DCコンバータ**あるいは整流器、逆に直流を交流に変換する装置を**DC-ACコンバータ**といった。

ところが、たまたまAC-DCコンバータがコンバータと略称されるようになり、DC-ACコンバータは、その逆の変換をするからインバータと称されるようになったのだろう。

それでは、直流からどのようにして交流を作るのだろうか。スイッチ一つだけで、電池の直流電源から交流を作ることを考えてみよう。

図6-14の基本回路で、モータにかかる電圧は、スイッ

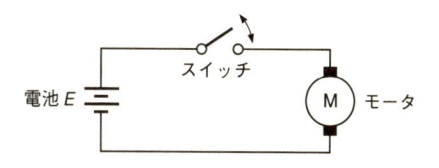

図6-14　基本回路

チオンでEV、オフでゼロである。

さらにスイッチを高速でオン・オフしてみよう。次ページの図6-15のように、オンとオフの時間の比率が2:8だと、モータにかかった平均的な電圧は$0.2E$になる。オンの時間を増し8:2にすると$0.8E$になる。

このような矩形の一つ一つをパルスという。パルスの幅

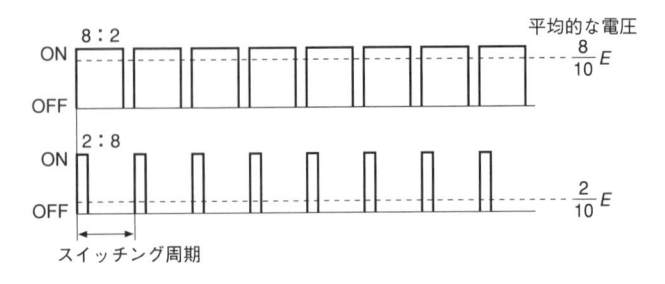

図6-15　パルス幅変調法（PWM）

を変えることで、平均的な電圧を変えられる。この方法を**パルス幅変調法（PWM）**とよぶ。

直流から交流を作るしくみ

さらに、このスイッチではマイナス電圧を作れないので、図6-16aのような回路を使い、高速でスイッチングする。この回路で、振幅1000V、周波数10Hzの交流を作ってみよう。

まず信号波を用意する。その周波数は作りたい交流と同じ10Hz、電圧はぐっと小さくてよい。他にスイッチのオン・オフのタイミングを決めるために、**搬送波**とよぶ三角波を用意する。その周波数は、できるだけ高いほうがモータを滑らかに動かせる。

同図bのように、信号波と三角波の電圧を比較し、信号波のほうが大きければスイッチを上に倒す信号を、小さければ下（図の黒く塗った部分）へ倒す信号を出させる。この信号により同図aの回路のスイッチの切り替えを行うと、同図cのような出力電圧が得られる。この平均電圧が

第6章 電車を動かすしくみ

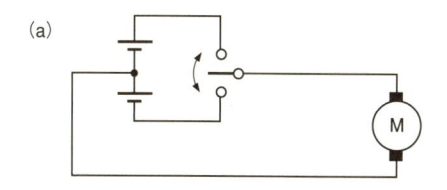

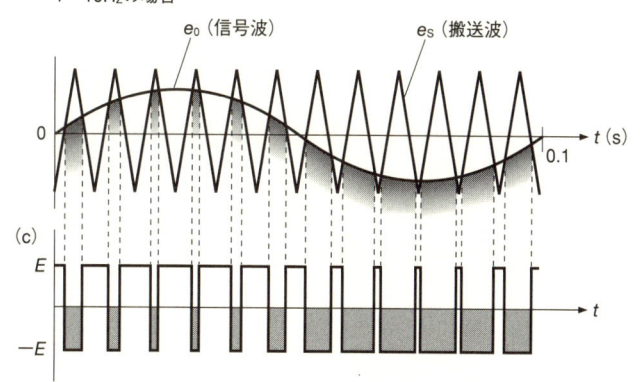

(a)

(b) $f=10\mathrm{Hz}$の場合

e_0（信号波）　　e_S（搬送波）

(c)

図6-16　スイッチで直流から交流を作るしくみ

目標の交流波に対応している。

鉄道で用いる三相交流誘導モータの場合には、U、V、W各相にそれぞれスイッチが必要となる（次ページ図6-17）。

つまり、インバータとは高速切り替えできるスイッチなのである。もちろん、毎秒1000回もの切り替えは機械的スイッチでは不可能で、半導体のスイッチだ。

インバータの電源として直流電源があることを前提に話

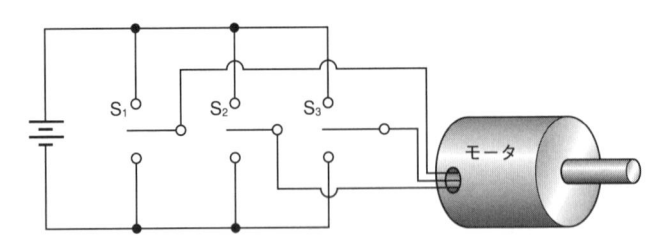

図6-17 三相交流誘導モータのスイッチ回路

を進めてきたが、直流電化の場合には直流をパンタグラフから得られるので、それをそのまま使えばよいことになる。しかし、新幹線をはじめ交流電化の場合には、交流をいったん直流に変換しなければならない。その役目をするのがコンバータである。

時代の流れとともに水銀整流器、シリコン整流器、そして最近はPWMコンバータが用いられるようになってきた。PWMインバータにもPWMコンバータにも、大容量の電気のオン・オフができるスイッチであるパワーエレクトロニクス素子が不可欠である。

パワーエレクトロニクス素子が電車を変えた

インバータやコンバータに要求されるスイッチは、家庭用より1000倍も大容量（1MVA：メガボルトアンペア）の電気を、できるだけ早く（500〜2000Hz）オン・オフできるものである。このような大容量の電気のオン・オフをできるスイッチとして、パワーエレクトロニクス素子が不可欠である。

パワーエレクトロニクス素子としては、まず**サイリスタ**

第6章 電車を動かすしくみ

が1960年代に実用化され、1970年代後半からはGTOサイリスタが登場した。GTOサイリスタは、スイッチオンだけでなく、指令信号によりスイッチオフもできる。大容量でも使えるものが開発されてインバータの製作が容易になり、鉄道での誘導モータ使用が一気に加速された。

しかし技術が進めば進むほど、要求もまた高くなっていく。1990年代中頃にはIGBTが登場し、最近では通勤電車、新幹線で広く使われ始めている。

GTOサイリスタは、スイッチオン指令は小電流でできるが、オフのときにはかなりの大電流が必要なので、インバータ全体の小型軽量化には限界がある。また素子の製作に手間がかかりコストダウンにも限界がある。

これに対して**IGBT**は、二つの性質の異なるトランジスタを組み合わせて、オン・オフ指令を電流を流さずに電圧でできるようにしている。本体がトランジスタなので、超高速でスイッチングを行うことができる。ただし、高い電圧には弱いという短所をもっている。

300系新幹線で用いられているGTOサイリスタ使用のインバータでは、出力電圧がゼロか±1かの2レベルである。これに対して700系新幹線で用いられているIGBTでは、高い周波数成分を小さくするために、出力電圧はゼロか±1の他に±0.5を加えた**3レベルインバータ**も使われ始めている（次ページ図6-18）。

700系のほうが、3レベルであること、スイッチング周波数が高いことから滑らかな波形で、またスイッチングによるエネルギー損失も小さい。

電車が走り出すとき、ピーという耳障りな音に気づくと

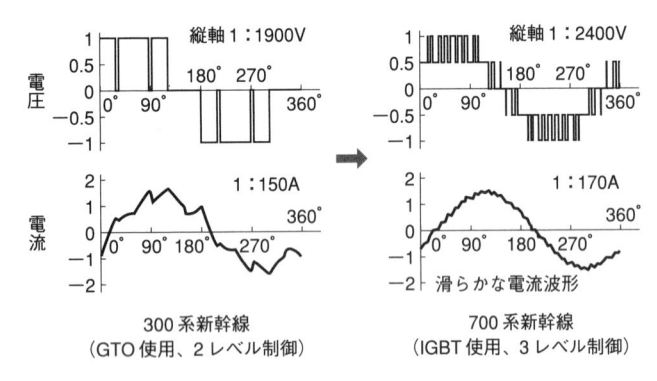

	300系新幹線 （GTO使用、2レベル制御）	700系新幹線 （IGBT使用、3レベル制御）
電圧	縦軸1：1900V	縦軸1：2400V
電流	1：150A	1：170A 滑らかな電流波形

図6-18　スイッチ素子の進化で滑らかな波形に

きがある。これはインバータのスイッチングで出る音である。ＩＧＢＴでは、この周波数を十分に高くして、人間の感じにくい高周波音としている。

減速装置と自在継ぎ手

モータの駆動力を車輪に伝えるのが**駆動装置**である。

新幹線の車輪の直径は860mm（300系以降）だから、300km/hで走ると車輪の回転数は1分間に1850回転（rpm）になる。一方、モータを小型軽量化するためなどで、モータの回転数は4000〜6000rpmになる。したがって、途中で数分の1に減速しなければならない。この減速用の歯車装置と、モータの軸と歯車装置の軸とを結ぶ継ぎ手が、駆動装置の二つの重要な部品である。

現在、大部分の電車が、モータの重量を車軸にかけずに台車枠で支える方式（**平行カルダン式**）である（図6-19）。

輪軸と台車枠の間に入っているバネの下の重さ（バネ下

第6章　電車を動かすしくみ

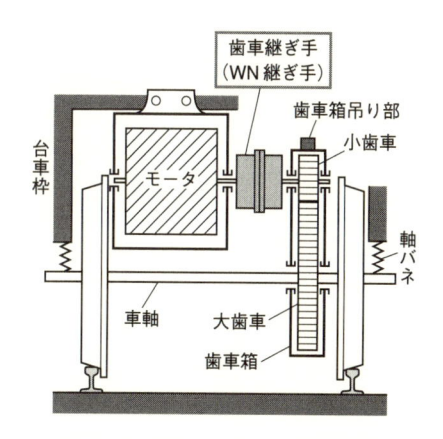

図6-19　平行カルダン式駆動装置

質量）が大きいと、レールを傷めるなどの弊害が出る。そこで、モータの重みを輪軸にかけないようにしているのだ。

　歯車装置の大歯車は車軸にはめられ、歯車箱の中で小歯車と噛み合っている。モータのついている台車枠と、歯車装置のついている車軸は、両者の間にあるバネの動きにより、それぞれ異なる動きをする。その結果、モータ軸と小歯車軸も異なる動きをするので、この動きを許容しながら回転力を伝えなければならない。

　このような相互に平行でない軸間に回転力を伝える装置として、新幹線では、次ページ図6-20に示す歯車継ぎ手が使われている。考案したアメリカの二つの会社名の頭文字から**WN継ぎ手**ともいわれる。

　歯車継ぎ手は、筒の内側に内歯歯車が切られていて、モ

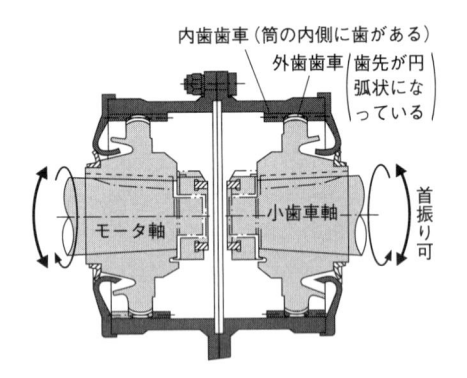

図6-20 歯車継ぎ手の構造

ータ軸の外歯歯車と嚙み合っている。歯は円弧状で、軸が首振りできる。モータ軸側と小歯車軸側に同じしくみの筒があり、それぞれが異なる首振りをすることができるのである。

第7章

エネルギーを有効利用するブレーキ

通勤電車E231系のディスクブレーキ（撮影／宮本昌幸）

走っている車は必ず止まらなければならない。止まるときにはエネルギーを無駄にせず、確実に、しかも乗り心地よく止めたい。

止まるための基本的なしくみがブレーキである。

ブレーキと密接な関係にある信号保安システムについては、次の第8章で述べる。

7-1 ブレーキに求められること

ブレーキの種類

鉄道のブレーキは、輪軸にブレーキをかけ、車輪-レール間の粘着力で止まる**粘着ブレーキ**が一般的である。

粘着ブレーキには、摩擦力に頼る**機械ブレーキ**と、駆動用のモータを発電機として用いる**電気ブレーキ**がある。機械ブレーキは**踏面ブレーキ**と**ディスクブレーキ**に分類される。これらについては、次の節で述べる。

車輪を介さず、台車から直接レールにブレーキを押し付ける**レールブレーキ**もある。摩擦力を用いるもの、電磁石による電磁力を用いるもの、併用しているものがある。

鉄道車両は何mで止まれるか

自動車の教習本には「80km/hで走っている自動車に急ブレーキをかけても、完全に止まるまでに80mも走ります」と書いてある。

鉄道の場合には、一般に自動車よりも速く走っているの

に、車輪－レール間の粘着力が自動車よりも小さいため、強いブレーキがかけられない。さらに、立っているお客さんがいるので、急に速度を下げることは危険だ。そこで、停止までの距離は自動車よりもずっと長くなり、同じ80km/hからでは約200mも走る。

在来線の最高速度は、一部の踏切のない例外区間での140km/hや160km/hを除き130km/hで、自動車の最高速度に近い。しかし完全に停止するまでには約600m走り、自動車よりかなり長い。さらに300km/hで走っている新幹線は、完全停止までに約2分弱、約4kmも走ってしまう。

ちなみに在来線では、1947年（昭和22年）に定められた**鉄道運転規則**で、どんな場合にも600m以内に止まるように決められていた。信号や踏切のシステムは、この**ブレーキ距離**を前提に作られてきた。

現在では、この規則は廃止され、信号システムとの関連からブレーキ距離が決められるようになった。しかし、ブレーキ距離を伸ばすには、すべての設備を見直さなければならず、影響が大きく容易ではない。

ブレーキ距離600mの基準で作り上げられたシステムは、現在では、在来線の速度向上の大きな制約になってしまっている。

ブレーキシステムの必要条件

列車のブレーキシステムには次の4つが要求される。

❶ **どのような状況にあっても、安全に止まれること。**

連結器の故障で車両が分離したり、ブレーキ指令を伝える経路などが故障したときにも、自動的にブレーキがかか

るようなシステム構成であること。このように不具合が起きたときにも安全側に働くシステムを**フェールセーフ**という。ブレーキディスクなどの部材が、力や熱に十分耐えられることも、不可欠な要求である。停止距離を短くするため、減速度を大きくとれることも重要である。

❷ **滑らかに減速して乗り心地のよいこと。**

これには次の第8章で触れる信号システムが重要になる。また連結した車両同士の減速度が異なると、ゴツンゴツンとぶつかり合って乗り心地を悪くする。これには第3章で触れた連結器が重要になる。

❸ **走っている運動エネルギーを有効利用すること。**

地球環境を守る面からも重要で、鉄道は環境保護の優等生である。

❹ **保守が容易で、コストが小さいこと。**

列車速度の向上とともに、ブレーキ制御の高度化の重要度が増してきている。

ブレーキ制御と粘着力

第6章で述べたモータの速度制御と同じように、**ブレーキ制御**も粘着力との戦いである。

700系新幹線では、それまで用いられてきた計画粘着係数（133ページ図6-5参照）が見直された。従来は、1編成の車両はすべて同じ制御が行われていたのを、車両ごとに変化させる方式にしたのだ。

第6章で述べたように、汚れたレールを通る先頭車両は粘着力が小さいから、軽めのブレーキ力にする。車輪が通ることで掃除され、粘着力の高くなった後ろの車両は強め

のブレーキ力をかける、という考え方である。

　乗客の多少でもブレーキ力を変える必要がある。

　300系以降の新幹線では、車両重量が従来の60t程度から40t近くまで軽量化された。そのため、乗客数の影響が無視できなくなったのである。

　通勤電車では用いられていたが、新幹線としては初めて、ブレーキ制御に空気バネの圧力による車両の重さの情報が取りこまれ、乗客が多いときには強いブレーキをかけるようになった。

　これらの取り組みにより、ブレーキ中に車輪がロック気味になる**滑走時間**の割合は、100系の約0.3%から、700系ではその約10分の1に激減した。

ブレーキ距離を縮める工夫

　在来線では、前述のように鉄道運転規則で600m以内に止まらなければならない。140km/hで走行中にブレーキをかけて600mで停止するためには、ブレーキをかけようと思ってから、実際にブレーキがかかり始めるまでの時間（**空走時間**）を1秒とすると、平均減速度が毎秒4.9km/h（1秒間に時速が4.9km下がる）となる。

　自動車の急ブレーキのときには、この数倍の平均減速度が出ていると思われるが、滑りやすい鉄道では実現できない値である。

　毎秒4.9km/hの減速度では0.138g（g重力加速度9.8m/s^2）の慣性力がかかる。粘着力がこの慣性力より大きくなければ、車輪は滑走してしまう。そのため、粘着力を最大限利用する**滑走再粘着制御**が不可欠になる。これは、他

の車軸の回転数と比較して回転数が落ち、滑走の前兆が認められた車軸では、ブレーキをゆるめ、車輪の回転を回復させる制御である。

滑走再粘着制御によって、時速140km程度までは600mで止まることが可能になってきた。自動車では同様な制御がＡＢＳ (anti-lock braking system) とよばれ、安全な自動車の必須装置となっている。鉄道車両は自動車より滑りやすいので、自動車以上にむずかしい制御になる。

さらに134ページで述べたセラミックス粒子（**増粘着材**）の噴射により、時速160kmでも600m以内の停車が可能になってきている。

7-2 ブレーキのしくみ

元祖・自動空気ブレーキ

鉄道のブレーキの基本形は、1872年にアメリカで考案された**自動空気ブレーキ**である。列車は**ブレーキ管**でひとつながりになり、各車両に**補助空気溜め**、**制御弁**、**ブレーキシリンダ**が設けられている（図7-1）。

運転室のブレーキハンドルを操作し、ブレーキ管内の空気を排気して圧力を減ずると、その減圧状態が列車後部へと伝わっていく。各車両では、ブレーキ管の減圧により制御弁が動き、補助空気溜めの空気がブレーキシリンダへ流れてブレーキがかかる。

車両が切り離されると、ブレーキ管をつないでいるブレ

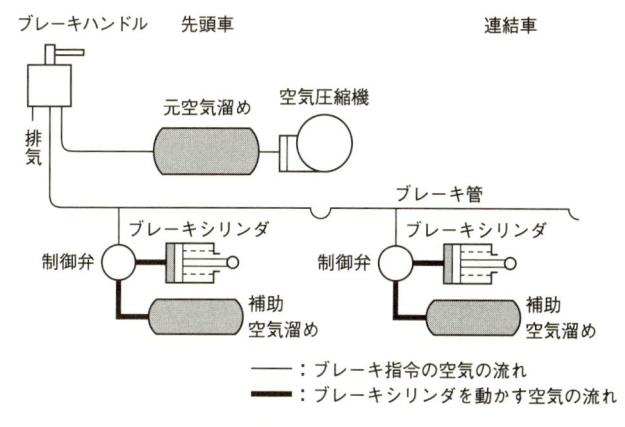

第7章　エネルギーを有効利用するブレーキ

図7-1　自動空気ブレーキのしくみ

──：ブレーキ指令の空気の流れ
━━：ブレーキシリンダを動かす空気の流れ

ーキホースがはずれ、空気がもれてブレーキ管の圧力がゼロになるので、自動的にブレーキがかかるフェールセーフ系（154ページ参照）になっている。

この自動空気ブレーキは優れたシステムで、広く用いられ、現在も一部貨物列車で使われている。しかし、ブレーキ指令が圧力の伝播（伝播速度は120m/s程度）によるので、後ろの車両では、どうしてもブレーキのタイミングが遅れる欠点がある。

電磁直通空気ブレーキと電気指令式空気ブレーキ

列車の高速化とともに、ブレーキが素早くかかることがいっそう求められてきた。そこで、1957年の101系以降の電車は、すべて**電磁直通空気ブレーキ**が用いられるようになった。次ページ図7-2にこのシステムを示す。

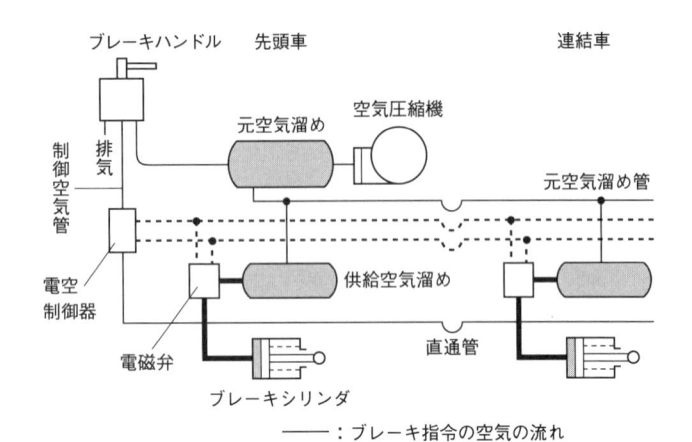

図7-2 電磁直通空気ブレーキのしくみ

　ブレーキハンドルで**制御空気管**の圧力を設定すると、**電空制御器**で電気指令に変換され、各車両の電磁弁に伝えられて、ブレーキシリンダが制御される。このときの各車両のシリンダ圧力は、列車に引き通されている**直通管**で電空制御器にフィードバックされる。その圧力と指定値と比較することにより、ブレーキの強さが調整される。

　電磁直通空気ブレーキは、応答性に優れているが、列車を分離してもブレーキがかからない。そのフェールセーフのため、常時電圧をかけた**緊急ブレーキ電磁弁回路**などを併用している。

　この電磁直通空気ブレーキは初代新幹線０系にも用いられた。その後、より応答性が早く、メンテナンスも簡単な方式として、ブレーキ指令をすべて電気にした**電気指令式**

第7章　エネルギーを有効利用するブレーキ

空気ブレーキが登場した。

この方式も、車両間の指令用の電線が断線するとブレーキが利かなくなる恐れがある。その対策として、常に電気を流している電線を編成間に引いて、この電圧がなくなったら緊急ブレーキがかかるようになっている。

100系、200系新幹線以降の新幹線はすべてこの方式で、通勤電車でも用いられている。

踏面ブレーキ

空気ブレーキの指令が、各車両にどのように伝わるかを述べたので、次に、このブレーキ指令にもとづいてブレーキをかける方法を見てみよう。

空気ブレーキは、本章の冒頭で述べた機械ブレーキで、踏面ブレーキとディスクブレーキがある（図7-3）。

踏面ブレーキは、車輪の踏面上に鉄などのブロック（制

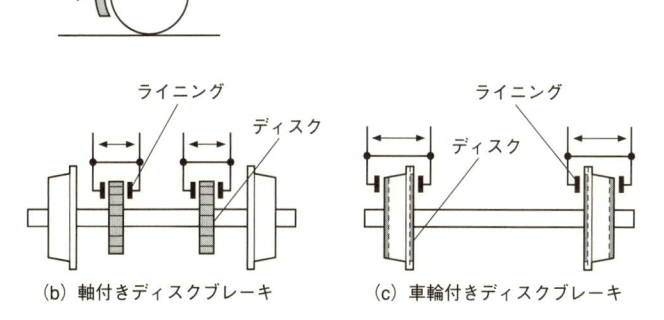

図7-3　踏面ブレーキとディスクブレーキ

輪子）を押し付ける摩擦ブレーキである（同図a）。

　鉄道創業時から用いられて、現在も多用されている。しかし、高速化によってブレーキ熱（摩擦熱）が高くなり、車輪踏面が損傷する恐れが出てきた。そこで、高速車両ではディスクブレーキが主役になっている。

　現在も踏面ブレーキが用いられているのは、在来線のモータのある台車のように、ディスクを取り付けるスペースのない場合、貨物列車など速度の遅い場合、車輪踏面がブレーキで清掃されるため、粘着力が増える長所を生かし、ディスクブレーキと併用している場合などである。

ディスクブレーキ

　ディスクブレーキは、車軸に取り付けられた円盤（ディスク）を、制輪子（**ライニング**）ではさみこむ摩擦ブレーキである（図7-3b：151ページ本章扉写真参照）。

　ディスクの材質は、摩擦係数が大きく、しかも安定していること、摩耗が少ないこと、高温で変形や熱亀裂が起こらないことなどが要求され、鋳鉄や鋼が一般的である。もちろん、ライニングとの組み合わせで摩擦、摩耗特性は異なるので、相性のよい組み合わせが重要である。

　ディスクにとって、ブレーキ熱をいかに逃がすかが重要で、ライニングとの接触面の裏側に放熱用のフィンを付けるなど、形状面での工夫がされている。

　新幹線では、台車内の取り付けスペースが限られているので、ディスクは車輪両面に取り付けている（同図c）。

　ライニングをディスクに押し付ける方法も、やはり小型化しなければならない。そこで空気圧を増圧シリンダで約

第7章　エネルギーを有効利用するブレーキ

20倍の圧力にした油圧に変え、油圧シリンダのピストンを動かす方式が採用されている。

新幹線車両のモータのない台車（**付随台車**）では、**渦電流ディスクブレーキ**が使われているものもある。ディスク両側に電磁石を接触させずセットし、回転するディスクに渦電流を生じさせて、エネルギーを熱として放散してしまう方法である。形はディスクブレーキだが、原理は次に述べる発電ブレーキである。

モータをブレーキとして使う

第6章で、交流誘導モータで減速するには、モータの電源周波数をロータの回転数より小さめにすると述べた。その場合には、モータは発電機になっている。車輪の回転エネルギーが電力に変換され、そのエネルギー分だけ減速しているのである。

この電力を、車両に備えた抵抗器に送って熱に換えるのが**発電ブレーキ**、架線に送り返して加速中の他の電車や変電所で使ってもらうのが**回生ブレーキ**である（図7-4）。

踏面ブレーキやディスクブレーキ、あるいは発電ブレー

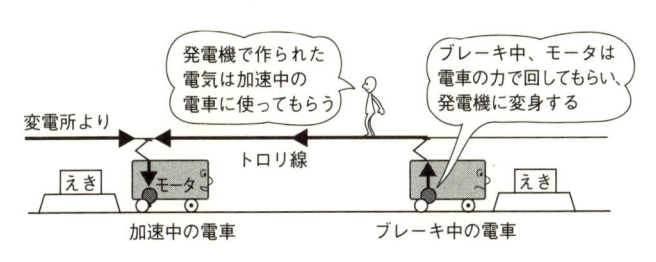

図7-4　モータで発電した電気を加速中の電車で使う回生ブレーキ

キは、運動エネルギーが制輪子やディスク、あるいは抵抗器の温度上昇に使われて無駄に逃がされてしまい、回生ブレーキのように、運動エネルギーを有効利用できない。

省エネの回生ブレーキ

エネルギーを再利用できる回生ブレーキは、省エネの面でも優れている。そこで、列車の本数が多く、電気を受け取れる車両がたくさんある都会の鉄道では、回生ブレーキが主になっている。

ただし電気の受け取り手がないと、回生ブレーキは利かない（**回生失効**）。そのため、回生ブレーキを使った車両でも機械ブレーキを備え、機械ブレーキ単独でも最高速度から止まれる設計になっている。

新幹線の回生ブレーキは、インバータ制御の交流誘導モータが用いられた300系新幹線から使用されている。それまでは、送電網に返すことができなかったので、発電ブレーキが用いられていた。

列車の本数が少なく、回生ブレーキで発生した電気の受け取り手がいない線区では、発電ブレーキが主体である。

発電、回生ブレーキでは、低速になると発電量が少なくブレーキ力が小さくなる。このため従来は機械ブレーキがバックアップしていた。しかし最近、機械ブレーキをまったく使わずに停止できる車両が、一部で実用化されている。

電気ブレーキと機械ブレーキのブレンド制御

これまでは、1編成中の各車両に必要なブレーキ力は、それぞれの車両が責任を持つ、という考え方であった。し

第7章　エネルギーを有効利用するブレーキ

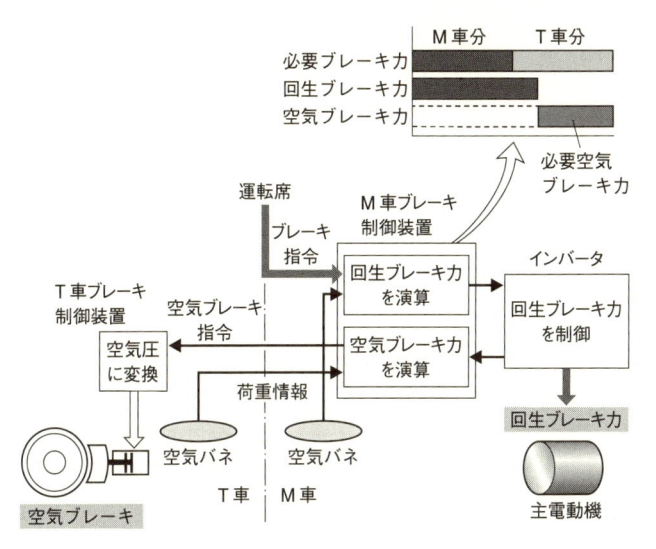

図7-5　遅れ込め制御の原理

M車：モータのある車（回生ブレーキ）
T車：モータのない車（空気ブレーキ）

かし現在は、機械ブレーキ力と回生ブレーキ力の合計が、編成全体で必要なブレーキ力になればよいとの考えに変わっている。

　直流モータの電車では、回生ブレーキだけでは必要なブレーキ力を得られないので、不足分を空気ブレーキで補っていた。それが交流モータでは、回生ブレーキの効率が改善され、必要なブレーキ力以上を得られる。

　この余力の回生ブレーキ力分だけ、機械ブレーキ力を減らす制御が**遅れ込め制御**である。機械ブレーキのシリンダ圧力の立ち上がりを遅らせることから、こうよばれてい

る。図7-5に遅れ込め制御の概念図を示す。

　モータがあって回生ブレーキ力を出せる**電動車**（**M車**）と、モータがなくて機械ブレーキ力を出す**付随車**（**T車**）のペアをあらかじめ決めておく。

　ブレーキ指令はM車のブレーキ制御装置に送られる。ここで空気バネ圧力から乗客の重さを知り、回生ブレーキ力を計算し、インバータに指令する。次にM車、T車2両分の必要ブレーキ力を計算する。その値から回生ブレーキ力を引いた、ブレーキ力の不足分をT車のブレーキ制御装置に指令する。

　遅れ込め制御は、回生ブレーキ力を最大限利用していて、省エネになる。またT車のブレーキの使用を抑えることで、機械ブレーキの摩耗を減らし、メンテナンスを容易にするなどの長所がある。

第8章

安全を守るシステム

新幹線総合指令室（写真提供／JR東海）

『交通安全白書』によると、平成16年の道路交通事故による死者は7358人、鉄道事故による死者は299人だった。しかし鉄道事故死者の大半は、自動車に乗っていた人が踏切事故で亡くなられたもので、鉄道の乗客の死者はゼロであった。

このように、自動車と比べて格段に安全な鉄道を作り上げている安全のしくみを見ていこう。

――ここまで書いた2005年4月25日、JR西日本福知山線での列車脱線事故が起き、107名の尊い命が失われた。合掌。

自動車と比べると安全な鉄道だが、いったん事故が起こると多くの方が亡くなられる可能性がある。なによりも安全な輸送、という鉄道の使命を改めて感じる。

この章では、鉄道の安全を支える信号システムと、運行制御システム、そしてメンテナンスについて見ていこう。

8-1 信号システム

信号の役割

平面交差している道路の交差点の信号は、進入する車が出会い頭にぶつからないよう、車の流れを交互に止める。「止まれ」の赤と「進め」の青、それに青から赤への移行時間の「注意」の黄色の3個の表示が基本形である。

高速道路では信号は無く、インターチェンジやジャンクションでの合流、分離はドライバーの判断で行われる。

第8章　安全を守るシステム

　これに対してレール上を走る鉄道車両では、自分で進路を決定できないので、合流、分離する交差点では、進路の切り替え器（分岐器）が不可欠である。分岐器が切り替えられ、線路がつながっていない方向への信号は「止まれ」の赤が示される。

　このように合流、分離に関する信号は、道路、鉄道とも考え方は同じである。ただし鉄道には、合流、分離する交差点の無い区間にも信号（閉塞信号）がある。その役割は前車との車間距離を確保することだ（「閉塞」は以下「閉そく」と表記）。

　一般道路、高速道路とも、前車との適切な車間距離の確保はドライバーに任されている。しかし鉄道はレール上を走るので、自動車のように障害物を見つけてハンドルを切ってよけることはできない。衝突を避ける唯一の手段は止まることである。

　また、第7章で述べたように、滑りやすい車輪が滑走しないように、立っている乗客が転倒しないように、急減速のブレーキはかけられない。その結果、ブレーキをかけてから止まるまでには、自動車と比べて長い距離を走行するので、障害物を見つけてからブレーキをかけるのでは安全を確保できない。

　そこで、常に前車との安全な車間距離を保つことが、自動車以上に求められる。そのための工夫が閉そく信号なのである。

閉そく信号

　鉄道では、線路を区分し、1区間に1列車しか入れない

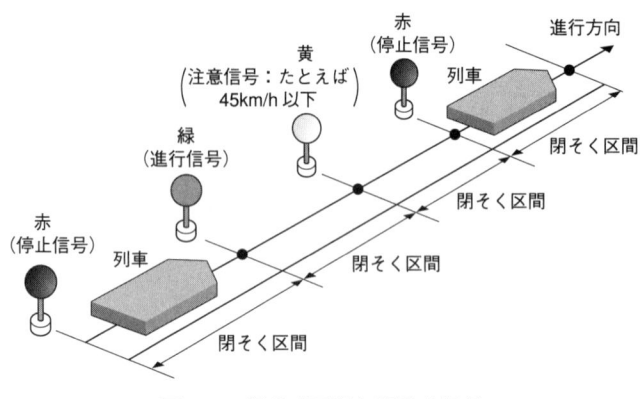

図8-1 閉そく区間と閉そく信号

ようにして衝突を防いでいる。この区間を**閉そく区間**という。すでに列車のいる閉そく区間に、後続列車の進入を禁止するための信号が、鉄道独特の**閉そく信号**である。

図8-1に示すように、列車のいる閉そく区間と手前の区間の境には赤信号が表示される。さらにその手前の区間との境には黄色信号が、もう一つ手前の境には緑信号が表示される。鉄道では青信号ではなく**緑信号**という。

赤（停止）信号では列車は停止を、黄色（注意）信号では徐行をしなければならない。緑（進行）信号では決められた速度以下で進行できる。

都会の通勤電車などは、運転間隔を詰めた運行をしなければならない。その場合には緑、黄、赤の**3灯信号**ではなく、**4灯信号**や5灯信号が用いられている（図8-2）。

5灯信号では、黄、黄、赤、黄、緑灯を用いる。**停止、注意、進行信号**に加えて緑・黄点灯の**減速信号**、黄・黄点

第8章 安全を守るシステム

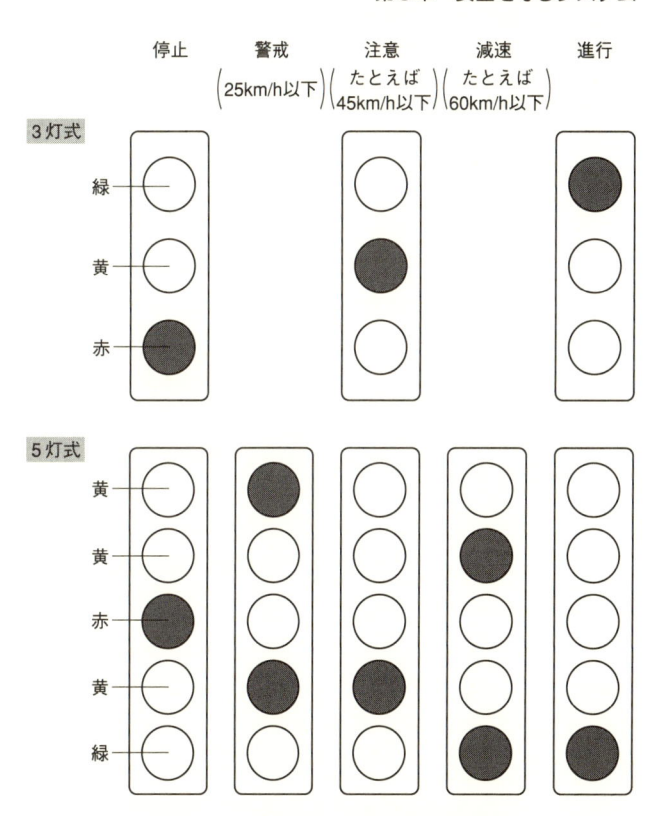

停止　警戒　注意　減速　進行
（25km/h以下）（たとえば45km/h以下）（たとえば60km/h以下）

3灯式

5灯式

図8-2　3灯信号と5灯信号の表示法

灯の**警戒信号**を用いて閉そく区間を短くしている。

かつては、警戒信号での制限速度は25km/h以下、注意信号では45km/h以下、減速信号では60km/h以下と全国一律で定められていた。それが2001年12月に必要な性能を規定する新しい省令が公布され、注意信号、減速信号に

ついては、それぞれの鉄道会社が安全な運転のできる速度として定められるようになった。

このように鉄道信号では、「進め」と「止まれ」に加え、車間距離が縮まってくるほど制限速度を低くする信号を設けている。これにより、前車との車間距離を確保して、衝突を防止している。

列車がいることを検知する軌道回路

閉そく区間に列車がいるいないを知るのに、日本ではレールに電気を流して検知する**軌道回路**を用いている。

列車がいないときには、左右レール間に接続されている電子回路（リレー）に電気が流れている。そこに列車が入ってくると、電気が流れやすい鉄で作られた輪軸で左右レールが接続される。そのため電気は輪軸に流れ、リレーに流れなくなる。

閉そく区間の境にある信号は、リレーに電気が流れているか、いないかで表示を変える。リレーに電気が流れていれば、「進入してよい」の緑や黄を示し、リレーに電気が流れていなければ「止まれ」の赤を示す（図8-3）。

もしも軌道回路の電源故障、回路の断線、レールの折損などが起きた場合には、列車の有無にかかわらずリレーには電気は流れなくなり、信号は赤を示す。故障しても列車を止めるフェールセーフになっているのだ。

軌道回路は、閉そく区間ごとに独立していなければならないので、閉そく区間の境界では、信号電流に対してはレールを絶縁しなければならない。しかし、レールはモータを回した電気の帰り道でもあるので（100ページ参照）、

第8章 安全を守るシステム

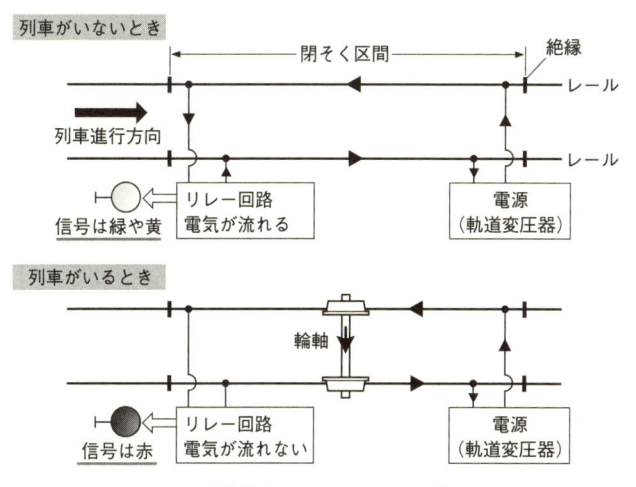

図8-3 列車検知にはレールに電気を流す

モータ電流に対してはレールをつなげなければならない。

この相反する要求をどう満たすか。軌道回路に流す電気を交流にし、その周波数を、モータを回す電気の周波数とは変えておく。そして軌道回路の絶縁区間には、**インピーダンスボンド**とよばれる装置を設置して、モータ電流が絶縁区間を越えて流れるようになっている。

8-2 安全を確保する列車制御システム

ATS（自動列車停止装置）

1962年5月3日の夜、常磐線三河島駅近くで160人の

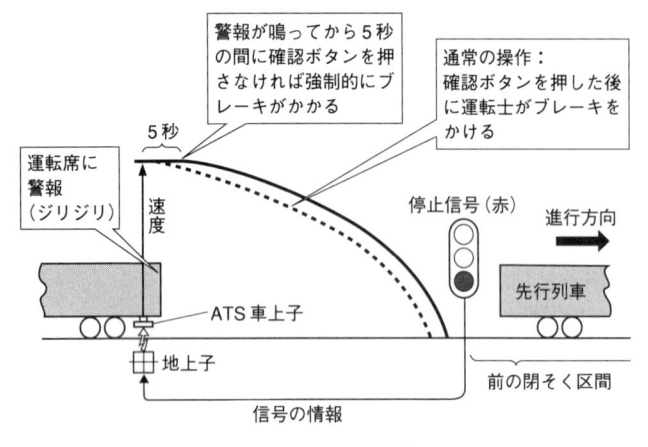

図8-4　ATSのしくみ

死者を出す**三河島事故**があった。赤信号の見落としで脱線していた貨物列車に下り電車が衝突し、さらにそこへ上り電車が衝突するという二重衝突事故だった。

この事故をきっかけに、当時の国鉄全線に**ATS**（Automatic Train Stop）が設置された。運転手が赤信号に気づかず、列車が閉そく区間に進入しようとすると、強制的にブレーキがかかる装置である（図8-4）。

車両床下に取り付けられたATS**車上子**からは、常時、信号が地上に発信されている。信号機の手前のレール間に置かれた**地上子**を車上子が通過するとき、信号が赤だと車上子に信号が送られ、運転席の警報が鳴る。5秒以内に確認ボタンを押さなければ、強制的にブレーキがかかり、赤信号の手前で列車を停止させる。

第8章 安全を守るシステム

ATSの進化

　最初に設置されたATS・S形は、運転ミスによる事故防止には大いに貢献してきた。しかし、赤信号でのみ作動するシステムで、速度をチェックしていない。制限速度を大幅に上回る速度で進入してくると、ATSにより非常ブレーキがかかったとしても、止まりきれず衝突することも考えられる。

　この弱点を補うシステムとして、制限速度、制限速度箇所までの距離および現在の速度から減速パターンを設定し、このパターンを超える場合にブレーキをかけるATS・P形（図8-5）が開発された。

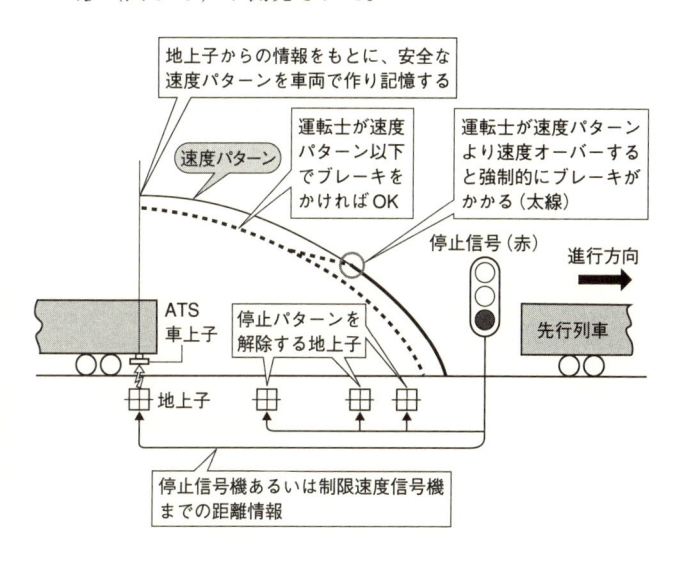

図8-5　速度オーバーチェック機能を加えたATS-P形

信号機の手前約650mに置かれた地上子を列車の車上子が通過する際に、直前の信号、さらにその前方の信号の情報をもとに決まる**制限速度信号機**（図では前方の信号機が停止信号の場合を示す）までの距離を、地上子から車上子へデジタル信号で送信する。

　列車では車上子で受信したこれらの情報、現在の速度などをもとに、限界の速度パターンを設定する。列車の速度がこのパターンを超えると、自動的にブレーキがかかり、パターン以下になるとブレーキがゆるむ。

　このとき、前方の列車が先に進んで制限速度が解除された場合、ブレーキをかけ続けるのはエネルギーの無駄になる。そのようなときには、減速パターンを取り消して加速できるよう、信号機の手前数箇所に地上子を置き、新たな情報を送るようになっている。

　これでも地上子という「点」での制御である。そこで一部の私鉄では、軌道回路を用いたより進化した連続制御方式が用いられている。

ATC（自動列車制御装置）

　ATC（Automatic Train Control）は新幹線で初めて用いられた。世界初の200km/hを超える高速運転での安全確保は、運転士の注意力に頼るのでは限界がある。そのため、列車の速度が制限速度をオーバーすれば、自動的にブレーキをかけるシステムが採用されたのだ。

　ATS‐S形の安全に停止させる機能に加えて、速度情報と地上からの信号情報をもとに、自動的にブレーキをかけたり緩めたりして、速度を連続的に制御する。

第8章 安全を守るシステム

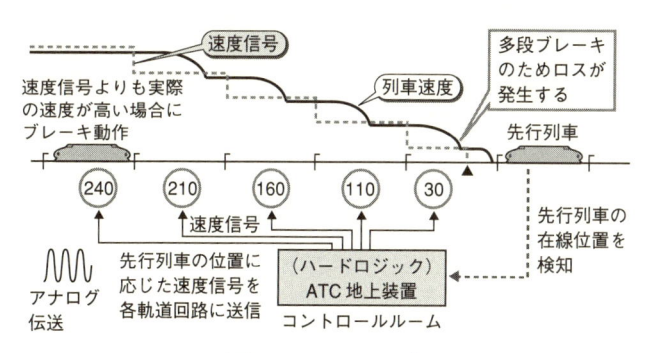

図8-6 ATCのしくみ

ATCを採用した新幹線では、線路脇に信号や地上子がない。信号情報は、レールに制限速度ごとに異なる周波数の電気を流し、車上のATC受信機で連続的に情報を得ている。この地上・車上設備は3重構成になっていて、三つの信号波のうち二つ以上の信号が一致しなければ、正しい信号と認めない方式で安全性を高めている。

この信号情報をもとに、運転席の速度計に時々刻々の制限速度が表示される。図8-6に、従来の新幹線のATCによる速度制御の様子を示す。

軌道回路をとおして現在の制限速度が車両に伝送され、運転台に示される。現在の速度が制限速度より高ければ、制限速度以下になるまでブレーキが自動的にかかり減速させる。

ATCの進化

図8-6に示したのは従来の**多段ブレーキ制御**である。この制御方式では、階段状の速度パターンに沿って減速し

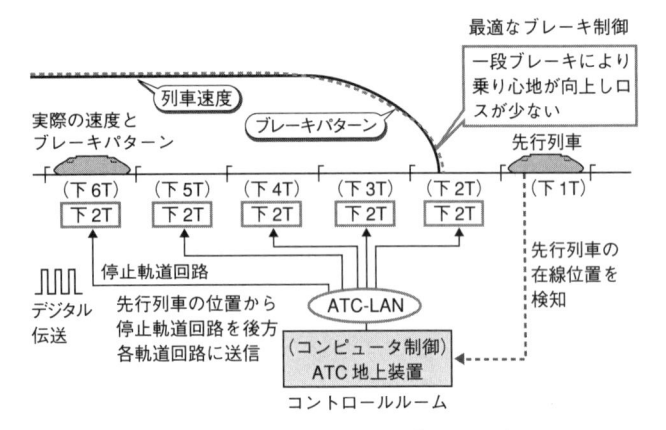

図8-7 一段ブレーキATCのブレーキパターン

ていくので、ギクシャクした運転になり、乗り心地が悪化する。また、各速度段でブレーキ指令から実際ブレーキがかかるまでの空走時間があり、ブレーキ距離が長くなる。

このような欠点をなくすために登場したのが、**一段ブレーキATC**である（図8-7）。東北新幹線盛岡 - 八戸間、九州新幹線での実用化を皮切りに、現在工事中の線区も多い。在来線でもJRや私鉄での使用線区が広がっている。

一段ブレーキATCの信号情報は、アナログ方式でも可能だが、デジタル方式が増えている。デジタル方式では大容量のノイズの少ない情報を送ることができるので、地上ATCで行っていた速度演算を車上で行える。その結果、車両による性能の違いに、車両側で対応できる。システムの拡張・変更も、車両側で容易に行えるなど長所が多い。

新幹線以外のATCでは、ATSと同様に地上に信号機

がある場合もあったが、最近は列車の運転席に信号機がある車内信号方式が主流になっている。

「ATS‐PとATCとの機能的違いは？」と問われると明快な返答がむずかしい。機能的には重複することも多く、生い立ちの違いとでもいおうか。

分岐器：信号と連動して動く安全の要

列車の分岐、合流、追い越しには、レールの進路を切り替える**分岐器**という装置が用いられている。

分岐器のもっとも基本的な形を図8-8に示す。進路を直線方向と左方向に切り替える分岐器の例である。**トングレール**（図中Ⓐ）が左右に動くことにより、進路が直線方向、左方向と切り替わり、その位置で動かないように鎖錠（ロック）される。

トングレールが基本レールに密着していることがセンサで確認されると、進路が開通している方向の信号機は閉そ

Ⓐ:トングレール　Ⓑ:クロッシング　Ⓒ:ガードレール

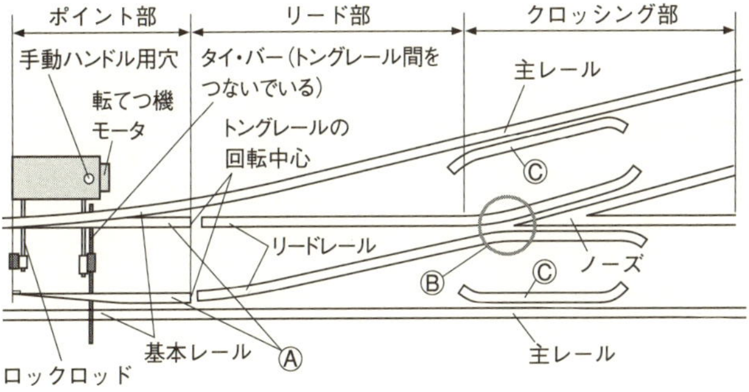

図8-8　分岐器の構造

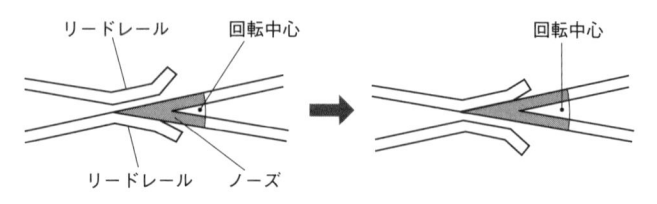

図8-9　ノーズ可動クロッシング

く信号になって、その先の列車の在線状況を示す。進路が開通していない方向の信号機は「止まれ」の赤になる。

分岐器には**クロッシング部分**Ⓑに、別方向に進む場合に車輪が通るための隙間が必要になる。また、この隙間を車輪が通るとき、車輪が別方向に入り込まないように、反対側レールの内側に**ガードレール**Ⓒが設けられている。車輪のフランジ内側をガードレールに当て、正しい方向に誘導している。

車輪が隙間を通るとき、車輪が当たってゴトンゴトンと音がする。その衝撃は乗り心地を悪くするだけでなく、レールに損傷を与える。そこでクロッシング部分には、普通のレール材料の鋼鉄より硬いマンガン鋼が用いられている。

新幹線などでは、クロッシング部のノーズ部がトングレールと連動して動き、クロッシング部の隙間をなくした**ノーズ可動クロッシング**が用いられている（図8-9）。

列車群の集中管理

新幹線の場合には、自動列車制御装置ＡＴＣの他に、**列車集中制御装置（ＣＴＣ：Centralized Traffic Control）**、

第8章 安全を守るシステム

コムトラック（**COMTRAC**：computer aided traffic control system：**新幹線運転管理システム**）などが連携して安全を守っている（図8-10）。

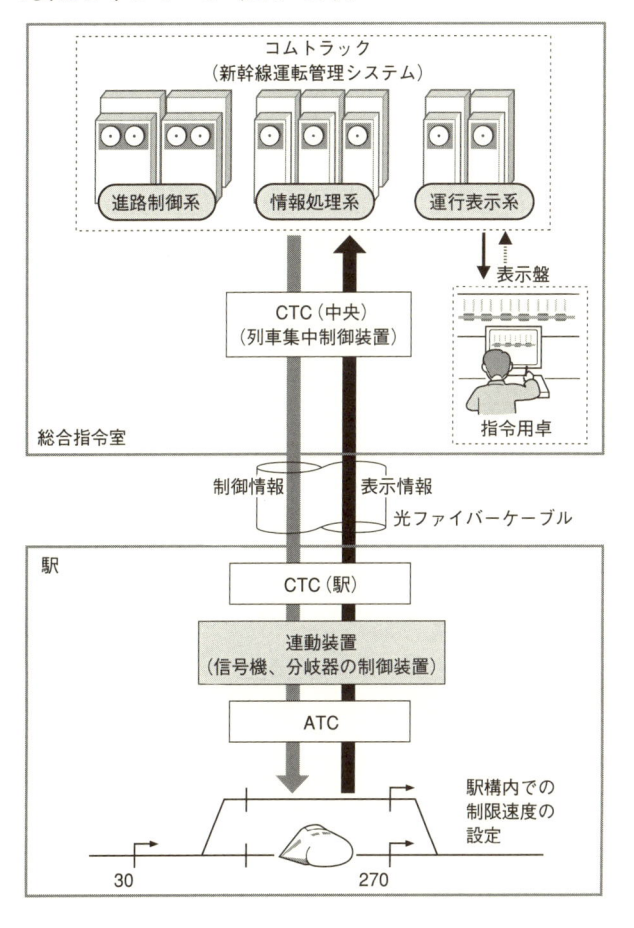

図8-10　CTCとCOMTRACの概念

ＣＴＣは、列車運行を効率よく管理するために、広範囲な区間の信号と分岐器を集中して遠隔制御すると同時に、列車運行を指令する機能がある。総合指令室で一元管理されていて、列車位置や駅の分岐器の状態などが総合表示盤に表示される（165ページ本章扉写真参照）。

　日本でのＣＴＣは1954年に私鉄でリレー式ＣＴＣが導入された後、1964年の新幹線のエレクトロニクス式ＣＴＣの導入がきっかけとなり、私鉄、国鉄在来線でも次々と導入された。

　コムトラックは、コンピュータで新幹線の運転を管理するシステムで、三つのサブシステムから成り立っている。進路制御系は、各駅の分岐器を切り替えることで列車の進路を制御する。情報処理系は列車のダイヤ作成、運転士・車掌の乗務員や車両の運用管理を行い、輸送混乱時にダイヤ復旧の支援をする。運行表示系は列車の位置や駅の状態を指令用ディスプレイに表示し、異常時の警報表示や手動での進路制御をする。

8-3　安全を支えるメンテナンス

車両、施設、電気のメンテナンス

　鉄道は車両、施設、電気の各設備がすべて正常で初めて「安全・正確な輸送」を実現できる。そのためには、日々の**メンテナンス**作業が必要不可欠である。

　車両のメンテナンスは、車両が使用に耐えられなくなる

前にあらかじめ修繕し、常に正常な状態で運転させる**予防保全**という考え方を基本に行われている。

施設のメンテナンスには「保線」「土木」「建築」「機械」の分野がある。「**保線**」はレールやまくらぎ、バラストなどから構成される線路を、「**土木**」はトンネル、橋梁、盛り土などの設備を保守管理している。「**建築**」は駅などの建物の改修、バリアフリー化などに関する工事を担当し、「**機械**」では券売機・自動改札システムやエスカレーターなどの駅設備の保守管理、改良を行っている。

電気のメンテナンスには「電力」と「信号通信」の分野がある。「**電力**」は、発電所や変電所、電車線、駅の照明や配電設備などの電力設備を、「**信号通信**」は、踏切や信号機といった運転保安装置、運行管理システムなどの信号通信設備の保守管理を行っている。

車両のメンテナンスの4段階

車両のメンテナンスについては、経過時間や累積走行距離により4種類の検査が行われている。東海道・山陽新幹線車両では、48時間以内の**仕業検査**、3万kmあるいは30日以内の**交番検査**、60万kmあるいは12ヵ月以内の**台車検査**、120万kmあるいは36ヵ月以内の**全般検査**の体系で行われている。

次ページ図8-11は浜松工場での全般検査(所要日数12日間)の修繕工程である。台車については、摩耗した車輪は削り直されて正規の形状になる。車軸は超音波により傷の有無が確かめられる。

車軸には端部に軸受けが、その内側に車輪が取り付けら

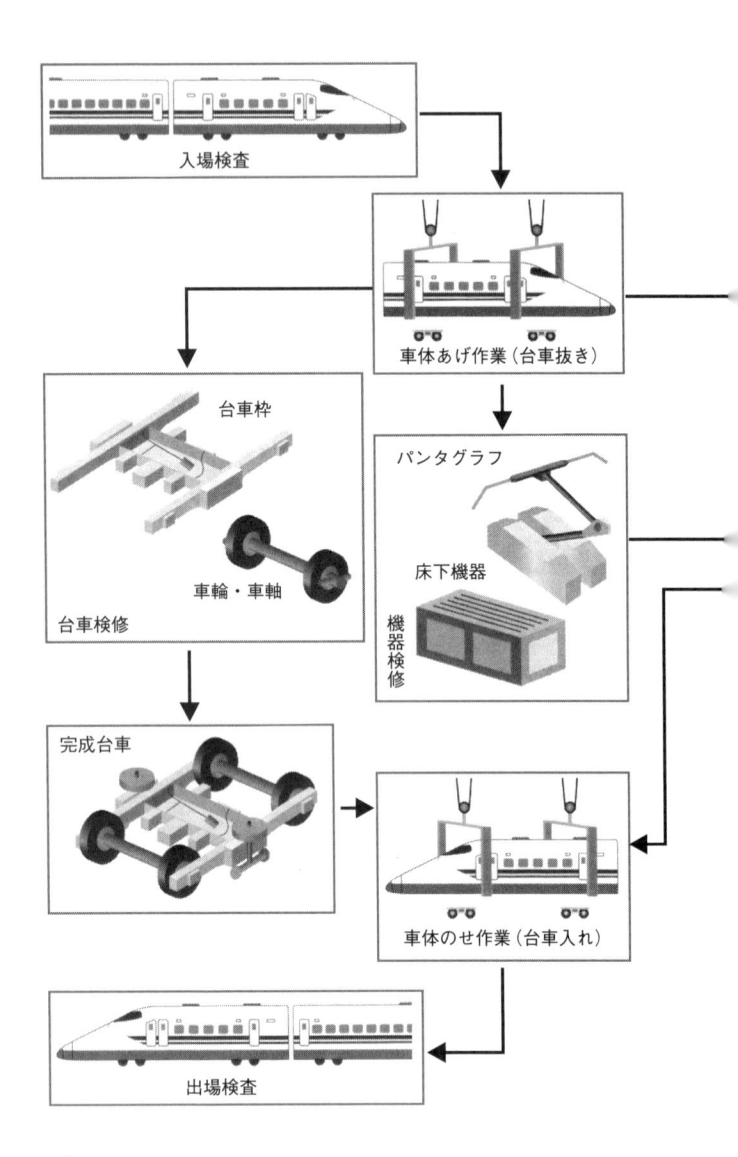

```
入場検査
   ↓
車体あげ作業（台車抜き）
   ↓          ↓
台車検修    機器検修
  台車枠     パンタグラフ
  車輪・車軸  床下機器
   ↓          ↓
完成台車  →  車体のせ作業（台車入れ）
   ↓
出場検査
```

第8章　安全を守るシステム

図8-11　新幹線車両のメンテナンス（全般検査）

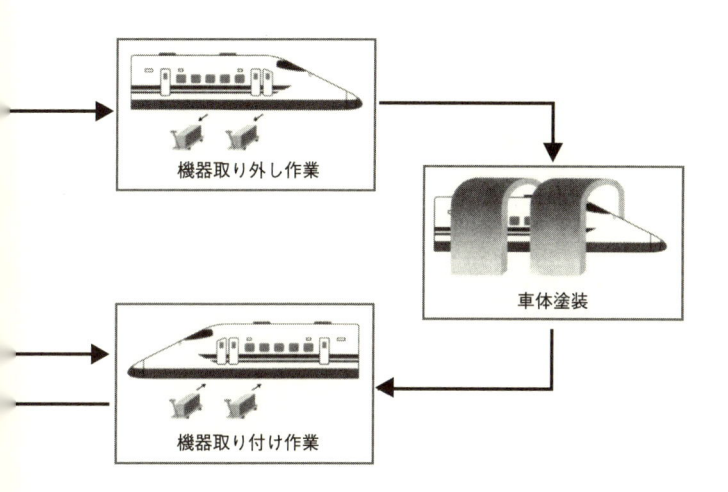

れている。軸受けを通して加わる車両の荷重を内側の車輪で支えているので、車軸は1回転に1度曲げられる。車軸にはその他にモータからの回転力を伝える歯車もはめ込まれている。

　車軸は繰り返し曲げにより傷つくことがある。特に車輪、軸受け、歯車などの取り付け部分は、こすられながら曲げられるので傷ができやすい要注意箇所である。

　傷の有無は**超音波探傷**で調べられる。人間ドックで腹部を超音波で検査するが、車軸版人間ドックだ。超音波を車軸内に発射し、その反射波の様子で傷の有無を調べる。

車軸全長にわたる比較的大きい傷を見つける**垂直探傷**、構造上傷が発生しやすい車輪取り付け部の表面の傷を見つける**斜角探傷**、斜角探傷より浅い角度で超音波を入射させ、歯車取り付け部などの傷を見つける**局部探傷**がある。
　これらを組み合わせ、1mm程度の傷でも発見している。

第9章
環境に優しい鉄道を目指して

新幹線車両の勢揃い（写真提供／JR東海）

鉄道は、消費エネルギーや二酸化炭素（CO_2）排出量の面で、他の輸送機関よりも、地球環境への負荷がきわめて少ない。その理由は何だろう。

山間地などを除いた日本の人口密度は、ヨーロッパ諸国と比べて一桁高く、鉄道沿線には民家が途切れることなく続く。東海道新幹線は世界的なマンモス都市の東京、名古屋、大阪を結ぶ。このように、日本には、多くの人たちが鉄道を利用する土壌があり、ヨーロッパの鉄道経営者から羨ましがられている。

しかし、この高い人口密度のもとで、社会・自然環境と調和して鉄道を運営していくには、ヨーロッパよりははるかに厳しい基準を達成しなければならない。

この章では、環境の面から鉄道を眺めてみよう。

9-1　鉄道は環境に優しい輸送手段

省エネ輸送手段

1950年代から、世界のエネルギー消費量、CO_2排出量はその増加の割合が一段と大きくなってきた。

1998年度の日本の全産業のエネルギー消費量に占める運輸部門（自動車、鉄道、船舶、航空）の割合は約25%、同じくCO_2排出量の割合は約22%である。

運輸部門中で鉄道は、全輸送量の27%を担っているにもかかわらず、わずかに6%のエネルギーを消費しているにすぎない。自家用自動車では、**輸送量分担率よりエネ**

第9章 環境に優しい鉄道を目指して

	自家用自動車	鉄道	バス	その他

輸送量(人キロ)分担率(%) 2003年度: 52 | 27 | 5 | 16

エネルギー消費量分担率(%) 2003年度: 74 | 6 | 3 | 18

CO_2排出量分担率(%) 1998年度: 55 | 3 | 2 | 40

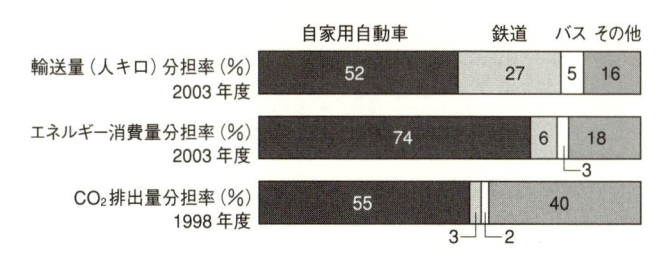

図9-1 輸送量とエネルギー消費の分担率

エネルギー消費量（鉄道を100とした場合）／ CO₂排出量（鉄道を100とした場合）

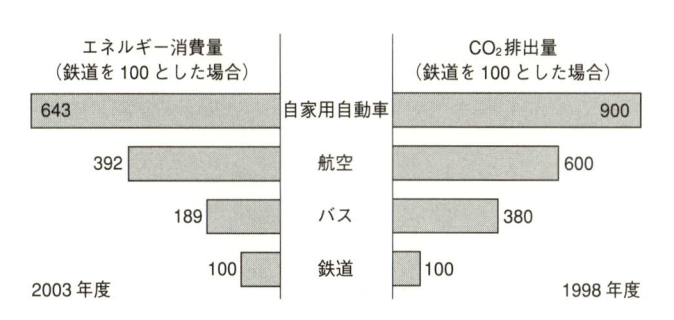

- 自家用自動車: 643 / 900
- 航空: 392 / 600
- バス: 189 / 380
- 鉄道: 100 / 100

2003年度 / 1998年度

図9-2 エネルギー消費量とCO_2排出量

ギー消費量分担率のほうが多くなっている。同様にCO_2排出量分担率も、鉄道は3%にすぎない（図9-1）。

図9-2に輸送機関別の1人を1km運ぶときの**エネルギー消費量**と**CO_2排出量**の比較を示す。どちらも鉄道を100として示している。

鉄道のエネルギー消費量は、自家用自動車の約16%、航空機の約26%にすぎない。CO_2排出量は、自家用自動車の約11%、航空機の約17%である。

省エネを可能にした技術

　鉄道輸送がこのような省エネを実現できた背景には、まず大量輸送でエネルギーを効率的に使っていることがあげられる。日本の鉄道は60%が電化され、貨車を除く車両の約90%が電気駆動である。自動車は個々がエンジンを持ち、小規模のエネルギー変換を行っている。これに対して鉄道で使う電気は、発電所で、大規模で効率のよいエネルギー変換で得られているからである。

　車両の軽量化と、新幹線の場合には走行抵抗を減らしてきたことによるエネルギー低減効果も大きい。第7章で述べた回生ブレーキの性能が向上してきたこと、車両の電気回路の改良で、損失を減らした効果もある。

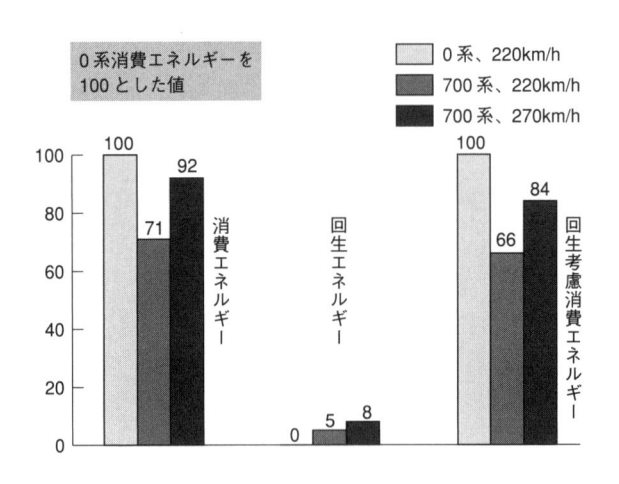

図9-3　新幹線の省エネルギー化はここまで進んでいる

第9章 環境に優しい鉄道を目指して

　これらの積み重ねによる新幹線での省エネ効果を、東京－新大阪間走行のシミュレーションで見てみよう（図9-3）。

　現在主流の700系は、初代新幹線の0系と比較して、同じ最高速度220km/h走行の場合、消費エネルギーが29%節約されている。さらに回生エネルギーの有効利用が5%あるので、これも考慮して合計34%の省エネになっている。

　700系での最高速度270km/h運転の場合には、0系より50km/hも速くなったにもかかわらず、回生分を考慮した消費エネルギーは16%減少している。

　通勤電車の例としてJR東日本の実績を図9-4に示す。209系では古参の103系と比べ、消費電力が28%程度節約されている。さらに、25%近い回生電力を生んでいるので、実質的な消費電力（グラフの折れ線）は53%も節約されている。

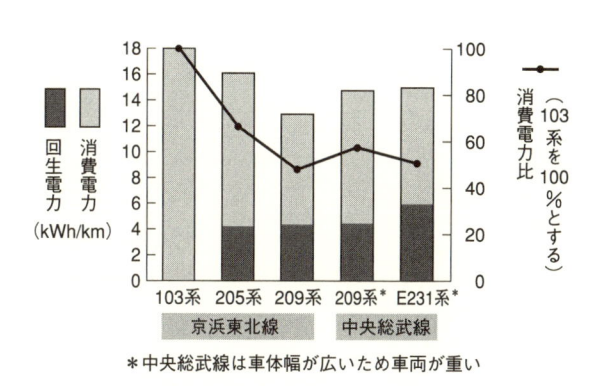

＊中央総武線は車体幅が広いため車両が重い

図9-4　通勤電車の省エネルギー化はここまで進んでいる

9-2 車両軽量化の取り組み

鋼製からアルミ製へ

車両の軽量化は、走行エネルギーの低減に直接寄与する。加えて新幹線では、近隣民家への振動源となる地盤振動の低減の切り札でもある。

車体の内装や椅子などの設備品、部品を除いた基本構造物を**車体構体**とよんでいる。車体構体の材質は、初期には木製だったが、やがて鋼、そしてアルミと変わってきた。

日本では1927年に鋼製客車がはじめて使用された。その後1949年から6ヵ年計画で、まだ多く残っていた木製車両をすべて鋼製車両にする改造工事が行われた。

鋼製車両の車体構体は、柱と横梁を溶接して骨格とし、その表面に板材を溶接した骨皮構造である。

鋼製車両は長く使われてきたが、やがて**アルミ製車両**が登場する。日本初のアルミ製車両は1962年の山陽電鉄の電車で、新幹線では1982年の東北新幹線（200系）が初めてである。

アルミの比重は2.70で、鉄の7.86に比べて約3分の1と軽い。純アルミの引っ張り強さは軟鋼の約5分の1で強いとはいえない。そこで構造を工夫したり、他の金属との合金にしたりしているが、比重の差ほどは軽量化できない。しかし錆びない、加工性がよいなどのいくつもの長所があるので、軽量化の切り札として用いられている。

アルミ合金は、銅、マンガン、ケイ素、マグネシウム、

亜鉛など、配合する金属の組み合わせの違いでいくつもの種類があり、それぞれの特徴をもっている。

アルミ製車両も、その初期には大型形材が普及していなかったので、基本的構造は鋼製と同じ骨皮構造だった。それを大きく発展させたのは、加工性のよいアルミ合金の開発と、大型押し出し形材の出現である。これによって幅50cm、長さ25mの**大型押し出し形材**が作れるようになった。長さ25mは車両の1両の長さである（56ページ図3-1参照）。

また、通勤電車では**ステンレス製車両**が増えている。ステンレス鋼は、鉄にクロムあるいはクロムとニッケルを入れた合金である。重さは普通鋼と変わらないので、アルミニウム合金ほどの軽量化は期待できない。しかし錆びにくいので、普通鋼材で考慮しなければならない腐食分を見込まなくてよいので薄くでき、その分、軽量化できる。

ステンレス鋼は普通鋼よりは高価だが、アルミニウムよりは安価なので、通勤車両を中心に多用されている。

車体の構造

次ページ図9-5に、新幹線の300系と700系の車体構体を示す。

300系では、初めて25m長のアルミ大型形材が本格的に採用され、鋼製の100系の10.3tに対して、6.5tにまで軽くなっている。ただし構造は100系と同じ**骨皮構造**である。骨皮構造は外板が1枚だけなので、**シングルスキン方式**ともよばれている。

次の700系は、第3章で述べたように、床以外は中空形

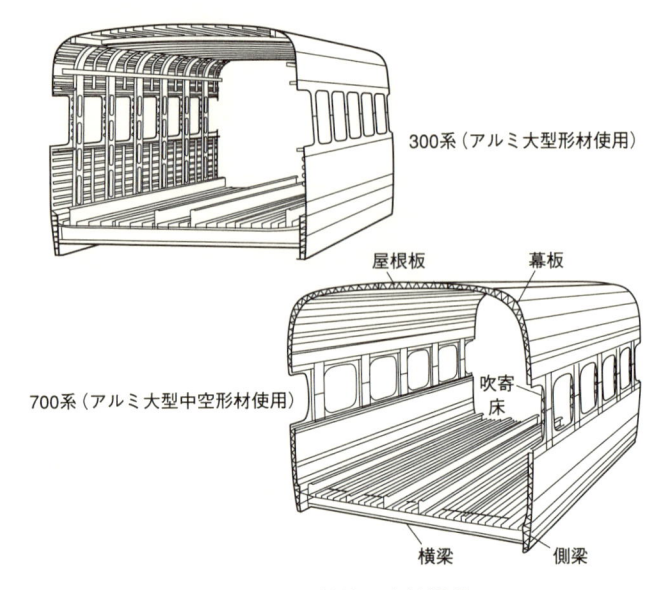

図9-5 新幹線の車体構造

300系（アルミ大型形材使用）

700系（アルミ大型中空形材使用）

屋根板　幕板　吹寄　床　横梁　側梁

材を用いた**ダブルスキン方式**で、部材の重量当たりの強度や剛性を大きくできる。

700系では300系より約25%たわみにくくなり、さらに中空形材内に防音材を入れることで、乗り心地や静けさが向上している。

車体構体の軽量化を図るにあたっては、構体の自重や、構体に加わるさまざまな荷重の、大きさや性質を十分に把握して設計しなければならない。

荷重には、乗客による荷重、振動による垂直荷重、レール面の歪みによるねじり荷重の他、鉄道に特有の荷重とし

て、連結して走ることによる前後荷重がある。

高速車両では、第3章で述べた気密荷重も考慮しなければならない。

台車や電気部品の軽量化

台車の軽量化も進んでいる。300系新幹線の台車を例に、軽量化の様子を見てみよう。300系台車は、現在の新幹線台車の原点となっている。

台車の軽量化には、第2章で触れたボルスタ付き台車からボルスタレス台車への変更、第6章で触れた直流モータから交流誘導モータへの変更の二つが、大きく寄与した。

また、ブレーキディスクを挟み込むライニングと軸箱支持装置（第2章参照）を、台車内側だけにすることで、台枠の前後端にあった部材を省略でき、台車長を短くした。歯車箱、軸箱もアルミ製にした。

台車の骨格となる台車枠は、安全上重要な強度部材で、一般に、厚い**溶接構造用圧延鋼板**を曲げ、溶接して組み立てている。300系の台車は、これを高強度の材料に変え、厚さを薄くすることで軽量化した。

車軸は鉄道の安全を担う重要な部品である。そのために、軽量化についても慎重に進められている。

車軸の材料は**機械構造用炭素鋼**の表面を高周波焼き入れしたものである。新幹線の車軸1本は約500kgあるが、300系では60mmの穴を開けて、1本当たり約60kg軽量化されている。

このように車軸の形態そのものを変える場合は、第8章で述べた超音波による傷の検査法をどのように拡張するか

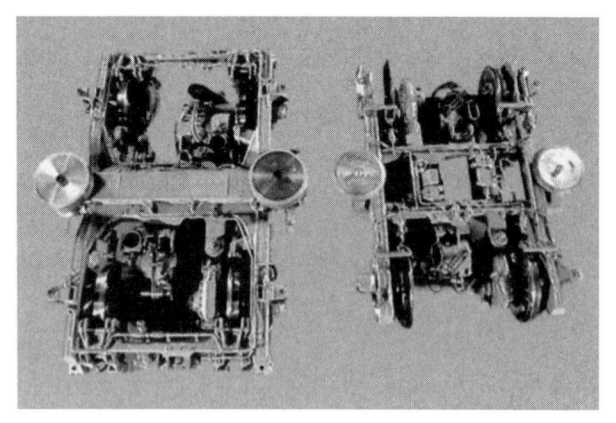

100系（9.7t）　　　　　　300系（7.0t）

図9-6　新旧新幹線台車の比較

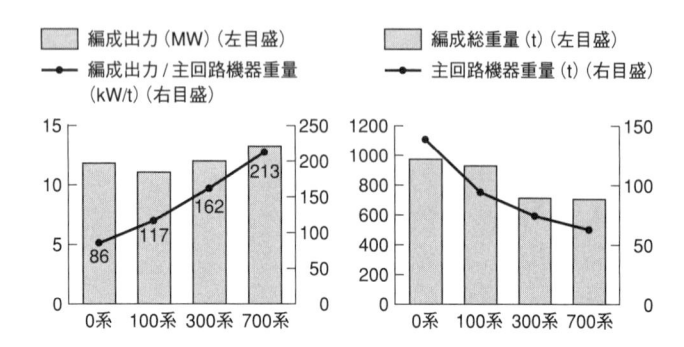

□ 編成出力（MW）（左目盛）　　　　□ 編成総重量（t）（左目盛）
● 編成出力/主回路機器重量　　　　● 主回路機器重量（t）（右目盛）
　（kW/t）（右目盛）

86　117　162　213
0系　100系　300系　700系

0系　100系　300系　700系

図9-7　新幹線の編成重量と出力の進化

など、保守・点検方法の検討も十分に行われた。

　これらの工夫で、100系台車の9.7tから300系台車では7.0tに小型・軽量化された（図9-6）。

第9章 環境に優しい鉄道を目指して

電気部品では、第6章で述べたように直流モータが交流誘導モータに替わり、制御する電気部品の構成も変わったことが、軽量化の大きな要因である。

新幹線では、16両編成の主回路機器重量は0系の138tから700系の62tと45%に減少している（図9-7）。一括制御による電気配線の見直しや、電線の光ファイバー化などによる軽量化も図られている。

軽量化の取り組みと課題

新幹線の**編成重量**（16両定員乗車）は、図9-7のように0系の970tから700系では707t、1両平均では約73%に減少している。また通勤電車でも編成重量（10両編成空車）は、図9-8のように103系の359tから209系の241tと67%に減少している。

しかし過度の軽量化は、剛性不足や遮音性不足を招き、車内の快適性を損なう可能性がある。また強風が吹いたときの車両の転覆に対する余裕が減少する。

軽量化にはマイナス面もあることを忘れてはならない。

また衝突事故時の運転士や乗客の保護も重要な課題である。意図的に変形させてエネルギーを吸収させる部分を作ること、生存空間を確保できるような構

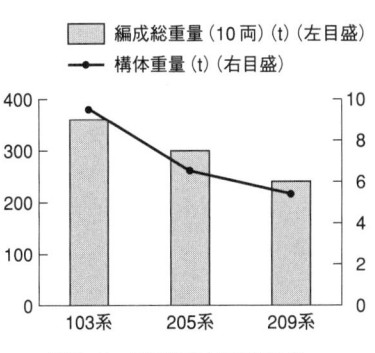

図9-8 通勤電車の軽量化

造にすることなども、軽量化を考える際の課題となる。

このような観点から見ると、現在の車両重量は、現状の種々技術レベルのもとでは、バランスのよい点に達していると思える。

9-3 騒音を抑える

新幹線の騒音はこんなに減った

騒音の低減は、快適な旅のためだけでなく、沿線住民にとっても重要な課題である。東海道新幹線では、開業当初の0系が210km/hで89dBだったのが、現在の700系では270km/hと速度が上がったにもかかわらず、74.5dBと、騒音は劇的に下がっている（図9-9）。

騒音を低減させるには、まず騒音源をはっきりさせなければならない。線路中心から25m離れた、高さ1.2mの位置に、音源の方向を明確にできる指向性の強いマイクロホンを置いて騒音を測定すると、いくつもの明確なピークを捉えることができる（図9-10）。

この図の例では、先頭、後尾、11個の車体接続部近くの計13個のピークがある。中でも、上げていたパンタグラフの箇所と先頭のピーク値が大きい。さらに、より指向性の強いマイクロホンを使うと、車体中間部の窓の段差などによるピークもあることがわかった。

このような多くの試験データの解析で、新幹線騒音の発生場所は、車両下部、構造物、車両上部、集電系に分けら

第9章 環境に優しい鉄道を目指して

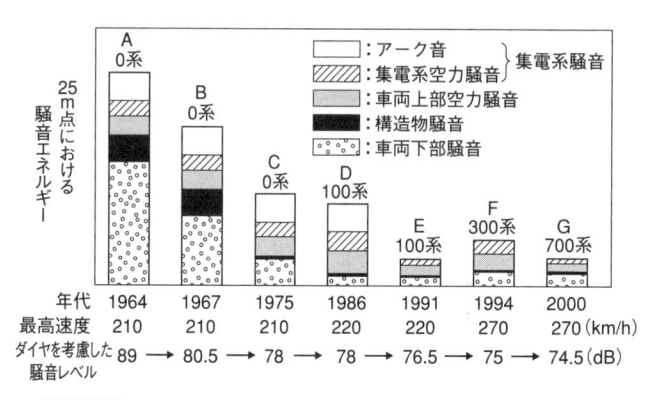

凡例:
- □ : アーク音 ─┐
- ▨ : 集電系空力騒音 ─┴ 集電系騒音
- ▨ : 車両上部空力騒音
- ■ : 構造物騒音
- ∷ : 車両下部騒音

	A 0系	B 0系	C 0系	D 100系	E 100系	F 300系	G 700系
年代	1964	1967	1975	1986	1991	1994	2000
最高速度	210	210	210	220	220	270	270 (km/h)
ダイヤを考慮した騒音レベル	89 →	80.5 →	78 →	78 →	76.5 →	75 →	74.5 (dB)

(縦軸: 25m点における騒音エネルギー)

防音対策

- A→B 防音壁設置
- B→C バラストマット、レジン製踏面研磨子
- C→D レール削正、220km/hへ速度向上
- D→E 100系車両低騒音化、パンタカバー、特別高圧母線引き通し
- E→F 300系(270km/h)、車両上部平滑化
- F→G 500系(270km/h)、低騒音パンタ+碍子覆い
  700系(270km/h)、低騒音パンタ+碍子覆い+2面側壁

図9-9 新幹線の騒音はこれだけ低くなっている

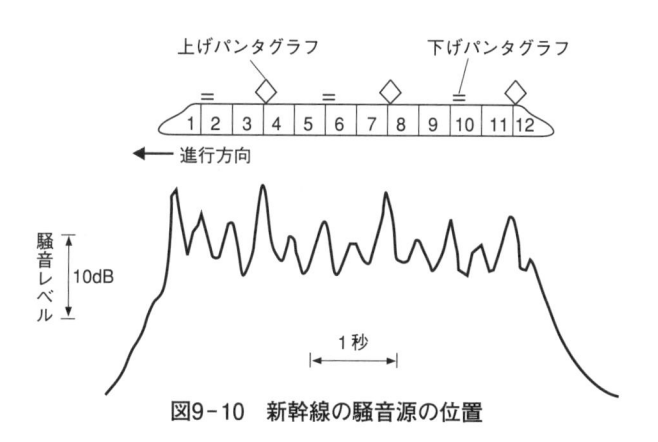

上げパンタグラフ　　　　下げパンタグラフ

[車両図: 1-12号車、3・7・10号車にパンタグラフ]

← 進行方向

(騒音レベル波形、10dB、1秒スケール)

図9-10 新幹線の騒音源の位置

れることがわかった。

騒音を抑える対策

車両下部からの騒音は、車輪が転がる**転動音**、台車部で発生する空力音、歯車など駆動系の回転音などである。

これら車両下部からの騒音に対しては、線路脇の防音壁が効果的である。中でも壁の上端を内側に折った逆L型防音壁が、騒音を閉じ込めて効果が高い。さらに、その内側に吸音材を貼り付けると、閉じ込めた騒音を吸収し、より遮音効果が大きくなる。

その他に、バラストの下に厚さ2cmほどのゴム製の板

(a) 直立碍子(200系)

(b) ユニット内の直接接続(700系)

(c) ユニット間の斜め碍子(700系)

図9-11　新幹線車両間の碍子の進化

（バラストマット）を敷く、新型の研磨機で車輪踏面の微小な凹凸を減らす、レールの表面を削って平らにすることなども効果があった。

構造物騒音は、列車が通過するとき高架橋などの構造物が振動することによる音で、これもバラストマットと新型研磨機の採用で大きく減少した。

車両上部空力騒音は、屋根上の高圧線を引き通す碍子やパンタグラフなどの突起物、列車先頭形状、車体連結部、ドアや窓の段差などによる騒音である。

対策としては、高圧電線の碍子を斜めにする、碍子を廃止し直接接続する（図9-11）、屋根上をできるだけ平滑にする、空気の流れを乱す空調装置、空気取り入れ孔などの特殊構造物を車体下部に移すなどが効果的だ。

パンタグラフの騒音を抑える

集電系騒音は、パンタグラフが離線するときに発生するアーク音、パンタグラフが架線をこすって出る音、パンタグラフやパンタグラフのカバー（**パンタカバー**）による空力騒音に分類できる。

第5章で述べたが、パンタグラフ間を高圧ケーブルで接続することで、1個のパンタグラフが離線しても、電気が切断しないのでアークが生じず、アーク音は出なくなった。

ホームに電車が入ってくるときに聞こえるシューという音が、パンタグラフが架線をこすって出る音である。新幹線駅の出入り口に、潤滑油をトロリ線に給油する装置が付けられている。トロリ線の摩耗を減らすのが主目的だが、これはこすり音対策にもなっている。

この音は速度とともに増大しない。

パンタカバーによる騒音低減策

高速での騒音の主犯格は、パンタグラフの空力騒音である。空力騒音は速度の6乗に比例して大きくなる。そこで、パンタグラフに当たる空気速度を減らすのが、空力騒音を減らす対策として有効である（図9-12）。

0系ではパンタグラフ、碍子がむき出しになっていたのを（同図a）、100系ではパンタカバーで囲った（b）。前の壁が空気の流れをはね上げ、パンタグラフにあたる空気の流速を下げる。

100系では空調設備が屋根上にあったが、300系では、これを床下に移したので、屋根上高さが350mm低くなり、その分、パンタグラフを取り付ける位置も低くなった。ところが架線高さは変わらないので、パンタカバーの壁は高くなってしまった。また、高圧電線を車両間に渡す碍子も合わせて囲むようにしたこともあって、パンタカバーは大型になった（c）。

この大型カバーでは、それ自体が発生する騒音は増加するが、それよりもパンタグラフに当たる空気の流速が低くなる効果と、左右の壁の遮音効果によって、パンタグラフ系空力騒音としては約5dB小さくなった。E2系でも2両にまたがる大型パンタカバーが取り付けられた（d）。

しかし大型のカバーは、それ自体の騒音があって、騒音低減効果に限界があった。また車両が受ける空気流れの速度が増すトンネル内走行時には、パンタカバー表面の圧力変動により、パンタカバーのある車両の動揺が大きいとい

第9章 環境に優しい鉄道を目指して

(a) 0系
(b) 100系　パンタカバー取り付け 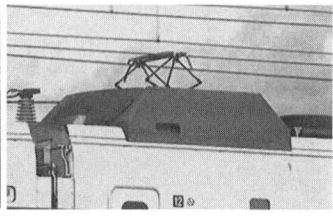
(c) 300系　パンタカバーの大型化 
(d) E2系　パンタカバーの大型化 

図9-12　新幹線パンタグラフの進化

う問題も明らかになった。

低騒音パンタグラフの開発

そこで次に取り組まれたのは、パンタグラフ自身が発生する騒音が小さい**低騒音パンタグラフ**の開発だった。

ポイントはパンタグラフが空気の流れをできるだけ乱さないことである。そのため、パンタグラフの部品数を減らし、流線形断面形状の部材とするなどして、風洞実験など

で繰り返し検討された。

また低騒音パンタグラフは、一般的に空気的な上向きの力（揚力）が不安定になり離線しやすい形状になる。そこで、低騒音でしかも離線しないという、相反する要求をどう両立させるかがポイントであった。

低騒音パンタグラフとしては、シングルアーム形とT形が実用化されている。

シングルアーム形パンタグラフは下枠に上枠が、上枠に集電舟が接続されたシンプルな構成になっている（図9-13b、c）。下枠、上枠ともにパイプ状で、そのパイプの中にパンタグラフの位置を保つ釣り合いリンク、舟支えリンクが入れられている。釣り合いリンク、舟支えリンクは、通勤電車用（114ページ図5-14）では外から見える。

また集電舟が素早く動いて離線しにくくするため、限られたスペースの中で工夫されたバネで支えられている。

T形パンタグラフ（a）は、上下にスライドする楕円形状の柱に集電舟を取り付けている。

さらに、従来の集電舟は、前後二本の四角いパイプで構成されているため、気流が渦をまいて干渉し合い、騒音が大きかった。これに対して低騒音パンタグラフは、揚力変化が小さい、角型断面の部材1本で構成している。

集電舟の両端に取り付けられているホーンには、進行方向に穴が開けられている。これには、丸棒などの後方にできる周期的な渦（**カルマン渦**）の発生を抑え、騒音を低減する効果がある。

第9章 環境に優しい鉄道を目指して

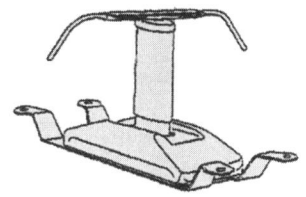

(a) 500系 碍子カバーの採用

(b) 700系 碍子カバーに側壁取り付け

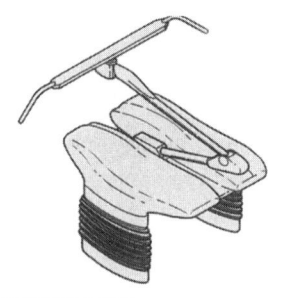

(c) E2系1000番代 低騒音碍子の採用

図9-13 新幹線用低騒音パンタグラフ

最新の低騒音パンタグラフ

700系では、パンタカバーは碍子だけを覆う、小さな**碍子カバー**にされた。高電圧のかかるパンタグラフホーンと

カバーとの絶縁距離を確保するために、碍子カバーの中央部はえぐれている。この部分からの騒音の漏れないよう、パンタカバーの外側に側壁が設けられている（図9-13b）。

さらにE2系1000番代車両では、パンタカバーを廃止し、むき出しになる碍子の低騒音化がはかられた（同図c）。

前後非対称のシングルアームパンタグラフでは、**なびき方向**（アームが前方になる方向）の方が、反なびき方向より騒音が高かった。これはなびき方向の場合には、パンタグラフの下枠と台枠との間で流れが干渉し騒音が発生していると考えられた。

そこで流れの干渉を少なくするために、なびき方向側の台枠の厚さを薄く、反なびき方向は厚くし、その間を流線形につないだ。また、これまでの4個の碍子を2個に減らし、その断面を流線形にして台枠と碍子との間をスムーズに接続した。パンタグラフを下げるための空気配管、高圧電線は碍子に組み込んだ。これらの対策より、時速275kmで75dB以下が実現している。パンタカバーのある場合には、一般的に反なびき方向のほうが騒音が高い。

700系、E2系いずれの場合も、1編成にパンタグラフは2個である。

700系では2個のパンタグラフが対称な位置（5両目の後部と12両目の前部）に取り付けられている（122ページ図5-17参照）。

前方のパンタグラフは、車間部の空気の乱れの影響を受けやすいので、車両の後部に取り付けられている。また前方のパンタグラフは空気的揚力の小さいなびき方向に、後ろのパンタグラフは反なびき方向に取り付けられている。

第9章 環境に優しい鉄道を目指して

9-4 トンネルボンを抑える

トンネル出口で起きる不気味な振動

列車がトンネルに突入するとき、出口側でボーンという音とともに、付近の民家の窓ガラスなどが振動することがある。

列車がトンネルに突入するとき、列車先頭部がトンネル内の空気を急激に押し込む。これによって生じた圧力は、バラスト軌道ではバラストの隙間に吸収されるが、スラブ軌道の場合、圧力波となってトンネル内を伝わっていく。トンネルが長ければ長いほど、圧力波の立ち上がりが急峻になっていき、出口側からパルス状の圧力波として放射される（図9-14）。

トンネル微気圧波とか**トンネルボン**とかといわれる現象で、高速化にあたっての大きな課題となっている。

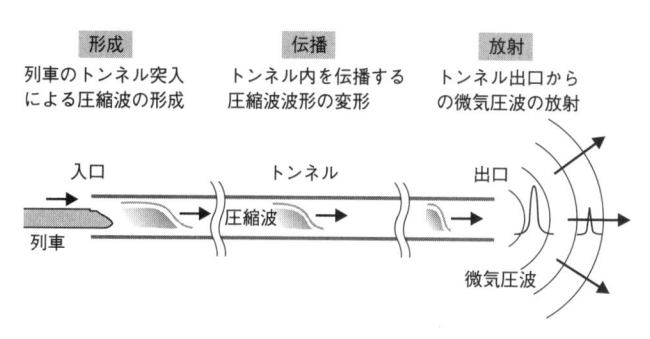

形成	伝播	放射
列車のトンネル突入による圧縮波の形成	トンネル内を伝播する圧縮波形の変形	トンネル出口からの微気圧波の放射

図9-14　トンネルボンの起きる原理

図9-15 トンネル入り口の緩衝工

　トンネルボン対策は、圧縮波の立ち上がりが急峻にならないようにすることで、地上側対策と車両側対策がある。

　地上側対策として効果があるのは、トンネル入り口にトンネル断面より大きいフード（**緩衝工**）を設ける方法である（図9-15）。フードに窓を開けることで空気を逃がし、圧力波の立ち上がりを緩くしている。

　他の地上側対策は、建設時に作られたトンネル内の枝坑を利用したり、トンネルが近接している場合、両トンネルをシェルターで接続することが実用化されている。

　車両側の対策としては、圧縮波の立ち上がりをできるだけ緩やかにできる先頭形状にすることが望ましい。そこで次に、新幹線の顔の移り変わりを見ていこう。

初代新幹線の顔は旧海軍が生みの親

　新幹線車体の開発は1954年頃から始まった。リーダーは旧海軍で爆撃機「銀河」などの設計をし、戦後国鉄鉄道技術研究所（鉄研）に勤められた三木忠直氏だった。

ポイントは空気抵抗低減と軽量化である。

まず、粘土細工で先頭形状が作られた。先頭部から窓へのラインで空気の流れが剝離しないか、下面に流れが入りこみ、抵抗が大きくならないかなど、さまざまに検討し、修正が加えられた。それをもとに図面がひかれる。現在のように3次元計測やCAD（コンピュータを使った設計システム）があるわけでない。粘り強い作業を繰り返す職人芸で図面が仕上げられた。

次のステップは風洞用の木製模型の製作である。

模型には乾いたマホガニー材がよい。幸い旧陸軍から持ち込まれた材料が残っていた。旧海軍で模型作りをしていた職人が、正確に図面を再現した。

当時の鉄研には風洞がなかったので、東大理工学研究所（当時）の風洞を借りて実験が行われた。同じ模型、同じ流速で実験しても、風洞が異なれば同じ結果が得られるとは限らない。風洞の癖をすべて把握した職人芸がなければ、意味あるデータをとるのはむずかしかった。

このような風洞実験が繰り返され、開業当初の新幹線のトレードマークになった0系新幹線の**先頭形状**が決定された。

先頭形状が決め手

1964年の東海道新幹線開業後は西へ、北へ線路を延ばすことが優先されて、車両に関してはマイナーチェンジが多かった。ようやくフルモデルチェンジされたのは、国鉄の分割民営化後の1992年300系新幹線「のぞみ」である。その後1997年に長野新幹線用E2系、東海道・山陽

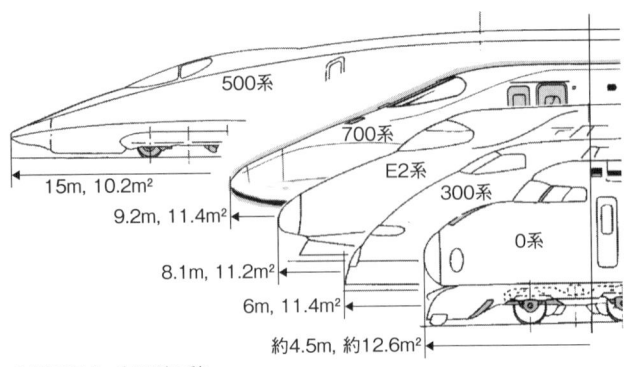

```
  500系
    700系
     E2系
      300系
       0系
```

15m, 10.2m²
9.2m, 11.4m²
8.1m, 11.2m²
6m, 11.4m²
約4.5m, 約12.6m²

先頭部長さ, 車両断面積

図9-16　新幹線先頭形状

新幹線用500系、1999年に700系が登場した。

最高速度はE2系275km/h、300系270km/h、500系300km/h、700系285km/hである。これらの高速新幹線の先頭形状決定には、空気抵抗低減に加えてトンネル微気圧波低減、空気力学的騒音低減が大きな課題であった。

トンネル微気圧波の車両側の対策としては、圧縮波の立ち上がりをできるだけ緩やかにするために、車両先端を長くし傾斜を緩やかにして、断面積の変化を小さくすることが効果的である。

その一方、運転席の窓の傾斜を緩くしすぎると、外光が反射して前方が見にくくなる。また先頭部を長くすると客室スペースが小さくなるので、過度に長くはしたくない。美観上のデザインも重要である。

このような制約のもとに、微気圧波、空気力学的騒音、空気抵抗などを低減できる先頭形状が、コンピュータシミ

ュレーションや風洞実験で導き出された。

新幹線の横顔の比較を図9-16に示す。700系では300系の先頭長6mより長い9.2m、500系（300km/h運転）では15mになっている。

複雑なラインの形成

700系の顔はカモノハシのくちばしに似ている。前から見るとエラの張ったユーモラスな顔だが、横から見ると非常にスマートな形である（図9-17）。これは運転席の視野を確保しつつ、断面積の変化を小さくするために、左右のエラの出っ張りで調整しているからである。

複雑な3次元曲面で構成される先頭部分は、厚さ6mm程度のアルミ板で骨組みを作り、その骨組みに2～3mmのアルミ板を張り合わせて作り出す。張り合わせ時に生じた歪みは、熟練工がハンマーでたたき出して整形する。

図9-17　カモノハシ(左上)に似た700系の先頭車両

この手法は、出来栄えが熟練工の技量に左右され、歪みや光沢ムラが残る場合がある、熟練工の確保がむずかしくなってきている、などの課題がある。

　そこで一部の700系新幹線は新工法で作られている。

　先頭部をいくつかの部分に分け、各部分を厚さ30～40mmのアルミ素材平板をプレス加工して作り出す。それらの曲面板を、高速5軸切削加工機で、リブと外板を一体として高速切削して仕上げる。仕上げた各部分を連続溶接でつないで先頭構体とする。

　これらの各過程では、**3次元CAD/CAM**（コンピュータを使った設計・製作）技術が大きな力を発揮している。

9-5　リサイクルの取り組み

リサイクルできる材料へ

　ごみを減らすことも重要である。日本では、年間約500万台の自動車が廃車になるが、それらを再資源化することが、自動車リサイクル法で義務付けられている。鉄道では法律による義務はないが、各社でいろいろな取り組みが行われている。

　再資源化の基本は、**リユース**（再利用）と**リサイクル**（原料化や燃料化）である。

　レールやまくらぎは古くからリユースの代表選手だった。レールは駅のホームの柱やトンネル工事の土留め支柱などに、まくらぎは線路沿線の柵や各種工事の土留めなど

に利用されてきた。JR東日本では、廃棄車輪の中心部分をガス切断で取り去った後、精密機械加工して、ブレーキディスクの取り付け座として再利用している。

1982年営業を開始した200系新幹線車両は、1998年から順次解体され、金属やガラスはリサイクルされている。まず再使用可能な機器や部品が取り外され、整備して補修品として使われる。その後、車体は切断され、細かく破砕されて素材別に選別される。

200系新幹線1両の材料別の重量は、アルミ13.6t、鉄34.2t、ステンレス2.5t、銅2.8t、ガラス・プラスチック・油脂などが4.9t、合計58tである。金属は90％以上が回収され、全体では88％の材料が回収され新たな資源として使われている。

内装材のプラスチックや座席のクッション材など、材料としてリサイクルするにはむずかしい物もある。これらのうち燃料として使えるものはエネルギーとして再利用する。

JR東海、JR西日本でも、廃棄新幹線車両のリサイクルが行われている。

廃棄物ゼロを目指した設計

車両の製作から、使用、廃棄までの一生で、総使用エネルギーや二酸化炭素（CO_2）などの総排出廃棄物が最小になるように配慮して設計されている。具体的には軽量化、長寿命化、リサイクルの推進である。

これに加えて、処理のむずかしい材料は、他の材料へ換えるなどの工夫がされている。たとえば、かつて地下鉄の座席のクッションはウレタン製だった。ウレタンは成形し

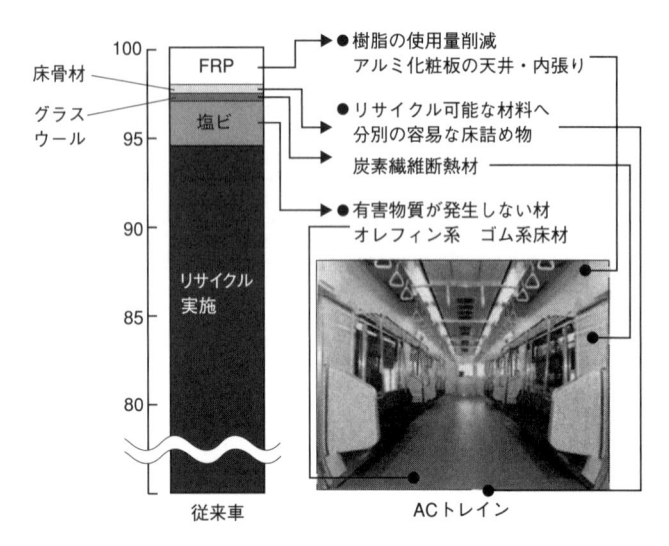

図9-18　ACトレインでのリサイクル

やすく安価だが、燃やすと有毒のシアン化水素が発生する。そこで営団地下鉄（現・東京メトロ）では1991年の新製車両から、ウレタンをポリエステル製に換えている。

　JR東日本が次世代通勤電車を開発中だが、その試験電車（**ACトレイン**：2002年から走行試験開始・2003年終了）では、従来車ではリサイクルできなかったFRP、床骨材、グラスウール、塩化ビニールを、リサイクル可能か、あるいは廃棄処理時に有害物質を発生しない材料に換えて、廃棄物ゼロを目指している（図9-18）。

参考文献

全般
(1) 丸山弘志:鉄道の科学,講談社,1980
(2) 宮本昌幸:ここまできた! 鉄道車両(しくみと働き),オーム社,1997
(3) (社)日本機械学会編:高速鉄道物語(その技術を追う),成山堂書店,1999
(4) 佐藤芳彦:新幹線テクノロジー,山海堂,2004
(5) (財)鉄道総合技術研究所編:鉄道技術用語辞典,丸善,1997

第1章
(1) 宮下充正監修・小林寛道編著:走る科学,大修館書店,1990:図1-33
(2) 朝比奈一男:運動とからだ(教養としての運動生理学),大修館書店,1981:表23〜25

第2章
(1) 鈴木浩明:鉄道車両の快適性とその評価,自動車技術,Vol.57,No.10,37,2003
(2) 森村勉・関雅樹:東海道新幹線全編成270km/h化への技術の歩み(その1),JREA(日本鉄道協会誌),Vol.46,No.5,20,2003
(3) 同上(その2),JREA,Vol.46,No.6,49,2003
(4) 後藤修・根来尚志・他3名:鉄道車両用動揺防止制御システムの実用化(第2報),日本機械学会第11回交通・物流部門大会講演論文集,02-50,279,2002
(5) 佐々木君明:新幹線車両用セミアクティブサスペンション車両技術,No.209,90,1996

第3章
（1） 大朏博善：新幹線のぞみ白書，新潮社，1994：窓の構造，90
（2） 高林盛久：気密，ポリエチレン，34，1965
（3） 鈴木康文：鉄道車両の高速化と軽量化，日本機械学会誌，Vol.96，No.893，42，1993：図4
（4） 宮本昌幸：鉄道車両の連結器，日本機械学会誌，Vol.103，No.982，180，2000

第4章
（1） 日本機械学会（編集主査：宮本昌幸）：鉄道車両のダイナミクス，電気車研究会，1994
（2） 宮本昌幸：鉄道車両に関する研究の動向，鉄道総研報告，Vol.9，No.8，1，1995
（3） 宮本昌幸：新幹線の車両運動・制御研究の歴史と課題，鉄道車両と技術，Vol.13，No.9，13，2004

第5章
（1） 持永芳文：電気鉄道工学，エース出版事業部，1995
（2） 警報トロリ線，JR東海技法，Vol.1，39，2003

第6章
（1） 萩原善泰・藤田武：鉄道車両の省エネルギー（新幹線電車の省エネルギー効果），電気学会誌，Vol.123，No.7，406，2003
（2） 東海旅客鉄道株式会社：「のぞみ」300系新幹線電車パンフレット
（3） 萩原善泰・上野雅之：駆動制御技術の進歩と新幹線電車の高速化（軽量・大出力交流誘導電動機駆動方式の展開），

JREA, Vol.44, No.8, 19, 2001
(4) JR東海の新幹線大阪車両所パンフレット

第7章
(1) 野元浩：JR東日本の通勤電車の開発経緯, Technical Review JR EAST, No.8, 11, 2004

第8章
(1) JR東日本グループ：New Frontier 2008（中期経営構想2005-2008）
(2) JR東海の安全対策冊子
(3) JR東海浜松工場パンフレット

第9章
(1) レスター・R・ブラウン編著、浜中裕徳監訳：地球白書1999-2000, ダイヤモンド社, 1999
(2) 国土交通省総合政策局情報管理部監修：平成17年版交通関係エネルギー要覧, 2005
(3) 運輸省運輸政策局情報管理部編：平成11年版運輸関係エネルギー要覧, 1999
(4) 東海旅客鉄道株式会社：2005 JR東海・環境報告書
(5) 水間毅：鉄道車両の省エネルギー（総論）, 電気学会誌, Vol.123, No.7, 402, 2003
(6) 畑正：鉄道車両の省エネルギー（通勤電車の省エネルギー）, 電気学会誌, Vol.123, No.7, 410, 2003
(7) 野元浩：JR東日本の通勤電車の開発経緯, Technical Review JR EAST, No.08, 11, 2004
(8) 伊藤順一：700系に至る新幹線車体の主要技術, JREA, Vol.45, No.5, 21, 2002
(9) 池田充：架線・パンタグラフ系からの騒音と対策, 鉄道車

両と技術,No.96,38,2004
(10) 小沢智:空気力学・空力騒音の問題の現状と展望,第4回鉄道総研講演会要旨集,31,1991
(11) 伊藤順一・八野英美:新幹線の高速化と空気力学的改善の取り組み,JREA,Vol.42,No.6,42,1999
(12) 佐々木浩一・針山隆史・浅野浩二:JR東日本における新幹線車両技術開発,JREA,Vol.44,No8,15,2001
(13) 宮本昌幸:新幹線車体と匠,日本機械学会誌,Vol.106,No.1020,53,2003
(14) 正井健太郎:新幹線用先頭構体の新工法を開発,鉄道車両工業,423,43,2002
(15) 小笠原稔:次世代通勤電車の実現に向けて,Technical Review JR EAST,No.8,4,2004

図版出典

図1-2 文献1-1／図1-3 新大阪駅コンコース展示物／図1-4 写真提供・大井川鉄道井川開発事務所／図2-6 文献全-2・2-2／図3-1 文献全-3／図3-2 文献3-1／図3-3 文献全-3／図3-4 文献3-3／図5-2 講談社所蔵／図5-6 文献5-1／図5-9 文献5-1／図5-18 文献5-2／図6-2写真 文献6-4／図6-3 文献6-1／図6-5 文献全-2／図6-12 文献6-2／図6-18 文献6-3／図7-5 文献7-1／図8-6,7 文献8-1／図8-10 文献8-2をもとに作成／図8-11 文献8-3をもとに作成／図9-1・9-2 文献9-2,-3,-4をもとに作成／図9-3 文献6-1をもとに作成／図9-4 文献9-6／図9-5 文献全-2／図9-6 文献6-2／図9-7 文献6-3／図9-8 文献9-7／図9-9 文献9-9／図9-10 文献9-10／図9-12 0系・100系写真 文献9-9／図9-15 写真提供・(財)鉄道総合技術研究所／図9-16 文献全-3をもとに作成／図9-18 文献9-15

さくいん

<数字・欧文>

(1次／2次)サスペンション　36
2乗型ダンパ　39
2枚皮方式　55
3次元ＣＡＤ／ＣＡＭ　210
3レベルインバータ　147
(3／4／5)灯信号　168
ＡＣ-ＤＣコンバータ　143
ＡＣトレイン　212
ＡＴ　103
ＡＴＣ　174
ＡＴＳ　172
ＡＴＳ(-Ｐ／-Ｓ)型　173
ＡＴＳ地上子　89, 172
ＡＴ(き電方式)　103
ＢＴ(き電方式)　101
ＣＡＤ　207
CO_2排出量　187
ＣＯＭＴＲＡＣ　179
ＣＳトロリ線　111
ＣＴＣ　178
ＤＣ-ＡＣコンバータ　143
ＥＪ　47
ＧＴＯサイリスタ　147
ＩＧＢＴ　147
ＩＪ　47
Ｍ車　164
ＰＷＭ　144
ＴＡトロリ線　111
Ｔ形パンタグラフ　202
Ｔ車　164
ＷＮ継ぎ手　149

<あ行>

アーク　103, 119
明かり区間　51, 55
アクチュエータ　50
アクティブサスペンション　49, 50
アタック角　77
圧力抵抗　128
アルミ製車両　190
アンロード弁　51
一段ブレーキＡＴＣ　176
インダクションモータ　138
インバータ　142
インピーダンスボンド　171
浮き床構造　56
渦電流ディスクブレーキ　161
英国式連結器　63
エネルギー消費量分担率　186
エネルギー消費量　187
円弧踏面　84
大型押し出し形材　191
オーバーラップ区間　108
遅れ込め制御　163
オリフィス　37

<か行>

ガードレール(分岐器の)　178
カーボンすり板　115, 116
碍子カバー　203
回生失効　162
回生ブレーキ　161

217

架線　104
加速余裕　126
滑車式バランサ　108
滑走再粘着制御　155
滑走時間　155
可変減衰ダンパ　51
カルマン渦　202
側受　35
換気　58
緩衝工　206
緩衝装置（連結器の）　68
カント　85
緩和曲線　87
機械のメンテナンス　181
機械構造用炭素鋼　193
機械抵抗　127
機械ブレーキ　152
幾何学的蛇行動　81
軌きょう（軌框）　43
き電（饋電）　97
き電電圧　100
軌道　43
軌道回路　170
軌道試験車　41
軌道スラブ　45
気密荷重　61
気密構造　58
局部探傷　184
緊急ブレーキ電磁弁回路　158
空気抵抗　127
空気バネ　30
空気バネストローク式車体傾斜装置　90
空走時間　155
空転再粘着制御　134
串刺し走行　79
駆動装置　148

駆動力　126
クリープ力　77
グリップ力　72
クロッシング　178
警戒信号　169
計画粘着係数　133
警報トロリ線　124
ケーブルカー　26
牽引装置　35
弦走行　79
減速信号　168
建築のメンテナンス　181
鋼製車両　190
構造物騒音　199
高速用シンプル架線　121
硬銅トロリ線　107
交番検査　181
交流　96
交流き電　97, 100
交流モータ　138
交流誘導モータ　139, 141
コーナリングフォース　72
骨皮構造　190
コムトラック　179
転がり抵抗　127
コンバータ　143
コンパウンド架線　105, 118

＜さ行＞

サイリスタ　146
桜木町事故　115
サスペンション　28, 36
差動歯車　74
三相交流　96
仕業検査　181
軸箱支持装置　36
軸梁式軸箱支持装置　37

さくいん

自己操舵機能 78
下枠交差形パンタグラフ 112
自動空気ブレーキ 156
自動列車制御装置 174
自動連結（新幹線の） 68
自動連結器 64
柴田式連結器 65
しぼり 32
斜角探傷 184
車上子 172
車体間ヨーダンパ 39
車体傾斜車両 88, 90
車体構体 190
車両下部からの騒音 198
車両上部空力騒音 199
車両の軽量化 190
車両のメンテナンス 181
集電 105
集電系騒音 199
集電舟 113
集電装置 111
新幹線運転管理システム 179
シングルアーム形パンタグラフ 113, 202
シングルスキン方式 191
信号通信（メンテナンスの） 181
進行信号 168
伸縮継ぎ目 47
真の接触面積 132
シンプル架線 105
吸上変圧器 101
垂直探傷 184
スーパーロングレール 48
ステータ（コイル） 139

ステンレス製車両 191
スプリング式バランサ 108
滑り周波数 141, 142
滑り速度 130
滑り率 130
スラック 86
スラブ軌道 43
すり板 110, 115
スリップアングル 72
制限速度信号機 174
制御空気管 158
制御付き振子車両 88
制御弁（ブレーキの） 156
正矢法 41
整流子 137
制輪子 159
積層ゴム 31
セクション 103
接着絶縁継ぎ目 47
セミアクティブサスペンション 49, 51
セラミックス粒子 134
先頭形状 128, 207
全般検査 181
線路 43
騒音の低減 196
走行抵抗 126
操舵台車 93
増粘着研磨子 133
増粘着材 156

＜た行＞

台車検査 181
ダイヤフラム 31
大離線 117
高さ調節弁 30
蛇行動 35, 81

蛇行動安定性　82
蛇行動限界速度　81
多段ブレーキ制御　175
ダブルスキン方式　55, 192
単相交流　96
ダンパ　37
単巻変圧器　103
地上子　172
知能化サスペンション　48
注意信号　168
中空押し出し形材　56
中小離線　119
超音波探傷　183
吊架線　104
直接き電方式　101
直通管　158
直流　96
直流き電　97, 98
直流モータ　137
ツインシンプル架線　105
通信誘導障害　101
停止信号　168
ディスクブレーキ　152, 160
低騒音パンタグラフ　201
ディファレンシャルギア　74
鉄系焼結合金すり板　116
鉄道運転規則　153
デッドセクション　109
電化　96
電気指令式空気ブレーキ　158
電気火花　103, 119
電気ブレーキ　152
電気連結器　69
電空制御器　157
電磁直通空気ブレーキ　158
転動音　54, 198
電動車　164

電力のメンテナンス　181
銅系焼結合金すり板　115
道床　43
踏面　22
踏面勾配　75
踏面ブレーキ　152, 159
ドクターイエロー　123
土木のメンテナンス　181
トロリ線　96, 104
トロリ・ポール　112
トングレール　177
トンネル微気圧波　205
トンネルボン　205

<な行>

なびき方向（パンタグラフの）　204
ねじ式連結器　63
粘着係数　130
粘着ブレーキ　152
粘着力　126
ノーズ可動クロッシング　178
ノッチ　24

<は行>

歯車継ぎ手　149
波状摩耗　55, 119
発電ブレーキ　161
波動伝播速度　121
バネ定数　33
バラスト軌道　43
バランサ　108
バランス速度　88
パルス幅変調法　144
ハンガ　104
搬送波　144
パンタカバー　199, 200

さくいん

パンタグラフ　112
ひし形パンタグラフ　112
ビューゲル　112
比例型ダンパ　37
フェールセーフ　154
負き電線　102
付随台車　161, 164
ブラシ（直流モータの）　137
フラット　54
フランジ　22
フランジ遊間　76
振子車両　88, 90
振子梁　90
ブレーキ管　156
ブレーキ距離　153
ブレーキシリンダ　156
ブレーキ制御　154
フレミングの左手の法則　137
分岐器　177
平行カルダン式　148
閉そく（閉塞）（区間／信号）　168
ヘビーコンパウンド架線　105
編成重量　195
ボギー車両　30
補助空気室　32
補助空気溜め　156
保線　181
ボルスタ（付き台車）　33
ボルスタアンカ　35
ボルスタレス台車　35

〈ま行〉

マイルトレイン　63
巻き癖（トロリ線の）　120

枕梁　33
摩擦抵抗　128
窓ガラス　56
マルチプルタイタンパ　44
三河島事故　172
密着連結器　66
緑信号　168
耳つん　57
無道床軌道　43
メンテナンス　180

〈や行〉

有効受圧面積（空気バネの）　33
有道床軌道　43
誘導モータ　138
輸送量分担率　186
溶接構造用圧延鋼板　193
ヨーダンパ　36, 39
予防保全　181

〈ら行〉

ライニング　160
ラック式鉄道　26
リサイクル　210
離線　105
リユース　210
輪軸　23
レール　43
レール軸力　47
レールブレーキ　152
列車集中制御装置　178
連続換気空調システム　59
ロータ　139
路面電車Zパンタ　112
ロングレール　46

N.D.C.546　221p　18cm

ブルーバックス　B-1520

図解・鉄道の科学
安全・快適・高速・省エネ運転のしくみ

2006年6月20日　第1刷発行
2018年11月16日　第10刷発行

著者	宮本昌幸（みやもとまさゆき）	
発行者	渡瀬昌彦	
発行所	株式会社講談社	
	〒112-8001 東京都文京区音羽2-12-21	
電話	出版　03-5395-3524	
	販売　03-5395-4415	
	業務　03-5395-3615	
印刷所	(本文印刷) 豊国印刷株式会社	
	(カバー表紙印刷) 信毎書籍印刷株式会社	
本文データ制作	講談社デジタル製作	
製本所	株式会社国宝社	

定価はカバーに表示してあります。
©宮本昌幸　2006, Printed in Japan
落丁本・乱丁本は購入書店名を明記のうえ、小社業務宛にお送りください。
送料小社負担にてお取替えします。なお、この本についてのお問い合わせは、ブルーバックス宛にお願いいたします。
本書のコピー、スキャン、デジタル化等の無断複製は著作権法上での例外を除き禁じられています。本書を代行業者等の第三者に依頼してスキャンやデジタル化することはたとえ個人や家庭内の利用でも著作権法違反です。
R〈日本複製権センター委託出版物〉複写を希望される場合は、日本複製権センター（電話03-3401-2382）にご連絡ください。

ISBN4-06-257520-5

発刊のことば

科学をあなたのポケットに

　二十世紀最大の特色は、それが科学時代であるということです。科学は日に日に進歩を続け、止まるところを知りません。ひと昔前の夢物語もどんどん現実化しており、今やわれわれの生活のすべてが、科学によってゆり動かされているといっても過言ではないでしょう。

　そのような背景を考えれば、学者や学生はもちろん、産業人も、セールスマンも、ジャーナリストも、家庭の主婦も、みんなが科学を知らなければ、時代の流れに逆らうことになるでしょう。ブルーバックス発刊の意義と必然性はそこにあります。このシリーズは、読む人に科学的に物を考える習慣と、科学的に物を見る目を養っていただくことを最大の目標にしています。そのためには、単に原理や法則の解説に終始するのではなくて、政治や経済など、社会科学や人文科学にも関連させて、広い視野から問題を追究していきます。科学はむずかしいという先入観を改める表現と構成、それも類書にないブルーバックスの特色であると信じます。

一九六三年九月

野間省一

ブルーバックス

ブルーバックス発の新サイトがオープンしました!

- 書き下ろしの科学読み物
- 編集部発のニュース
- 動画やサンプルプログラムなどの特別付録

ブルーバックスに関する
あらゆる情報の発信基地です。
ぜひ定期的にご覧ください。

ブルーバックス　検索

http://bluebacks.kodansha.co.jp/